Marica Meroni
Laura Masiero

La risposta immunitaria nella Steatoepatite non Alcolica (NASH)

Marica Meroni
Laura Masiero

La risposta immunitaria nella Steatoepatite non Alcolica (NASH)

L'influenza di una dieta ricca di lipidi sull'attivazione della risposta immunitaria innata nello sviluppo della NASH

Edizioni Accademiche Italiane

Impressum / Stampa

Bibliografische Information der Deutschen Nationalbibliothek: Die Deutsche Nationalbibliothek verzeichnet diese Publikation in der Deutschen Nationalbibliografie; detaillierte bibliografische Daten sind im Internet über http://dnb.d-nb.de abrufbar. Alle in diesem Buch genannten Marken und Produktnamen unterliegen warenzeichen-, marken- oder patentrechtlichem Schutz bzw. sind Warenzeichen oder eingetragene Warenzeichen der jeweiligen Inhaber. Die Wiedergabe von Marken, Produktnamen, Gebrauchsnamen, Handelsnamen, Warenbezeichnungen u.s.w. in diesem Werk berechtigt auch ohne besondere Kennzeichnung nicht zu der Annahme, dass solche Namen im Sinne der Warenzeichen- und Markenschutzgesetzgebung als frei zu betrachten wären und daher von jedermann benutzt werden dürften.

Informazione bibliografica pubblicata da Deutsche Nationalbibliothek (Biblioteca Nazionale Tedesca): la Deutsche Nationalbibliothek novera questa pubblicazione su Deutsche Nationalbibliografie. Dati bibliografici più dettagliati sono disponibili in internet al sito web http://dnb.d-nb.de. Tutti i nomi di marchi e di prodotti riportati in questo libro sono protetti dalla normativa sul diritto d'Autore e dalla normativa a tutela dei marchi. Questi appartengono esclusivamente ai legittimi proprietari. L'uso di nomi di marchi, di nomi di prodotti, di nomi famosi, di nomi commerciali, di descrizioni dei prodotti, ecc. anche se trovati senza un particolare contrassegno in queste pubblicazioni, sono considerati violazione del diritto d'autore e pertanto non possono essere utilizzati da chiunque.

Coverbild / Immagine di copertina: www.ingimage.com

Verlag / Editore:
Edizioni Accademiche Italiane
ist ein Imprint der / è un marchio di
OmniScriptum GmbH & Co. KG
Heinrich-Böcking-Str. 6-8, 66121 Saarbrücken, Deutschland / Germania
Email / Posta Elettronica: info@edizioni-ai.com

Herstellung: siehe letzte Seite /
Pubblicato: vedi ultima pagina
ISBN: 978-3-639-65636-7

Copyright © 2014 OmniScriptum GmbH & Co. KG
Alle Rechte vorbehalten. / Tutti i diritti riservati. Saarbrücken 2014

A mio padre e mia madre,

sempre insieme

INDICE

Capitolo 1: INTRODUZIONE

La sindrome di NASH *(Non Alcoholic SteatoHepatitis)* è una patologia di origine necro-infiammatoria che appartiene ad un quadro clinico ben più ampio, definito NAFLD *(Non-Alcoholic Fatty Liver Disease)*. La parola sindrome deriva dal greco **"συνδρομή"** che letteralmente significa "agire insieme". Il concetto di sindrome non si identifica con quello di malattia, giacché una stessa sindrome può talvolta essere espressione di malattie di natura completamente diversa; è un insieme di sintomi che concorrono a caratterizzare un quadro clinico, indipendentemente dalle cause cliniche che li producono. L'organo coinvolto in questa patologia è il fegato, che in seguito all'accumulo di lipidi all'interno delle sue cellule, si infiamma.

ANATOMIA E FISIOLOGIA DEL FEGATO

Il fegato è collocato nell'addome, al di sotto del diaframma e occupa le regioni dell'ipocondrio sinistro, dell'epigastrio e dell'ipocondrio destro. È la ghiandola più grande del nostro organismo, pesa circa 1,5 kg, è di colore rosso-bruno ed ha la forma di un ovoide irregolare, come si nota in **Fig 1**. È un organo parenchimatoso, intraperitoneale ed è parzialmente coperto dalla gabbia toracica.

In esso distinguiamo una faccia viscerale (posteriore) e una diaframmatica (anteriore) suddivise in 4 lobi, due dei quali, anteriori vengono definiti lobo destro e sinistro e due posteriori, detti invece lobo caudato e quadrato. A livello della fossa cistica, nella faccia posteriore, è localizzata la colecisti, organo deputato all'accumulo della bile.

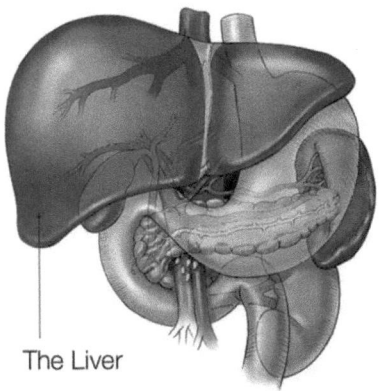

The Liver

Fig1: Il fegato entra in rapporto con numerosi organi tra cui lo stomaco, il quale è parzialmente ricoperto da esso; il polmone destro, attraverso il diaframma; il cuore; il duodeno; il rene destro e il surrene destro; l'esofago e il colon ascendente e trasverso, nella regione definita flessura epatica (http://whydetox.net/liver-detoxification).

È rivestito da una capsula connettivale, detta capsula di Glisson che si dirama all'interno del parenchima attraverso dei setti, formando un livello superiore di organizzazione: i lobuli. Il lobulo classico è dotato di una forma esagonale, all'interno del quale in posizione centrale distinguiamo la vena centrolobulare, a cui attorno si dispongono gli epatociti in file disposte a raggiera e distanziate l'una dall'altra per la presenza di sinusoidi, ovvero capillari fenestrati (**Fig 2**). Agli apici del lobulo sono localizzati gli spazi portali, cioè regioni connettivali al cui interno ritroviamo la triade portale costituita dal dotto epatico, da un ramo della vena porta e dalla arteria epatica.

Fig 2: Rappresentazione di tre lobuli classici e di uno spazio portale associato ad essi.

http://spazioinwind.libero.it/claudio italiano/epatite_cronica.htm).

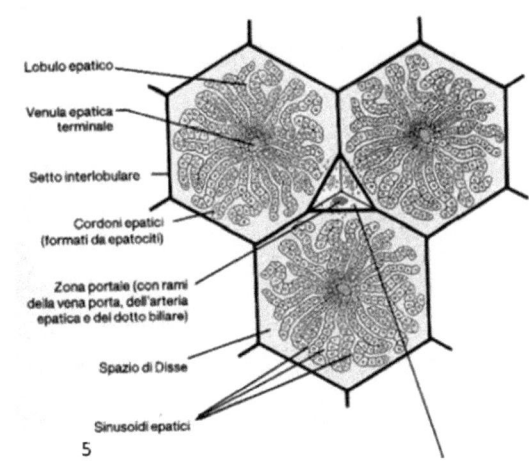

Lobulo epatico

Venula epatica terminale

Setto interlobulare

Cordoni epatici (formati da epatociti)

Zona portale (con rami della vena porta, dell'arteria epatica e dei dotto biliare)

Spazio di Disse

Sinusoidi epatici

5

L'epatocita è una cellula di grandi dimensioni, dotata di uno o più nuclei disposti centralmente (**Fig 3**) e di un'emivita di 150 giorni. Presenta un reticolo endoplasmico liscio e rugoso ben sviluppato, è dotato di numerosi mitocondri e all'interno del suo citoplasma sono visibili delle inclusioni lipidiche e di glicogeno. È dotato di due poli: uno vascolare e uno biliare.

Il polo vascolare consiste porzione dell'epatocita che presenta i microvilli ed entra direttamente in contatto con il sinusoide, che consente lo scambio di metaboliti tra il fegato e il circolo ematico. Dagli organi che compongono l'apparato digerente si diparte un sistema di vene, definite "tributarie della vena porta", la quale è deputata al trasporto di metaboliti in direzione del fegato. I diversi sinusoidi percorrono tutto il lobulo fino a sfociare nella vena centrolobulare, localizzata appunto al centro del lobulo classico. Nel complesso, le vene centrolobulari confluiscono in quelle sublobulari, le quali a loro volta terminano nella vena collettrice, sfociante nelle vene epatiche destra e sinistra. Le vene epatiche si congiungono nella vena cava inferiore, portando in uscita dal fegato i prodotti di scarto, l'anidride carbonica e i metaboliti verso l'atrio destro del cuore. Tra il polo vascolare e il sinusoide si trova lo spazio di Disse, in cui si localizzano le cellule di Kupffer, con attività fagocitica. Esse sono intercalate tra le cellule endoteliali, hanno forma stellata e in assenza della milza possono anche avere un ruolo eritrocataretico. Nello spazio di Disse, inoltre, si trovano anche le cellule di Ito, meglio conosciute come cellule stellate epatiche (HSC), poiché dotate di lunghe protrusioni che terminano nei sinusoidi. Fisiologicamente, sono cellule immagazzinatrici di grasso, in grado di inglobare lipidi e materiale liposolubile (tra cui la vitamina A) e sono quiescenti. In presenza di un danno, possono proliferare, assumere capacità motorie e secernere collagene, causando la formazione delle inclusioni di tessuto cicatriziale, alla base della trasformazione cirrotica.

Il polo biliare, invece, è la regione localizzata tra gli epatociti dove si viene a formare un canalicolo naturale per l'indirizzamento della bile in canali veri e propri detti di Hering, sede putativa della nicchia staminale. I canali di Hering convogliano nei dotti biliari, sfocianti nel dotto epatico destro e sinistro. Questi si riuniscono nel dotto epatico comune, il quale termina nel coledoco, insieme al dotto cistico (Ross Pawlina, Istologia).

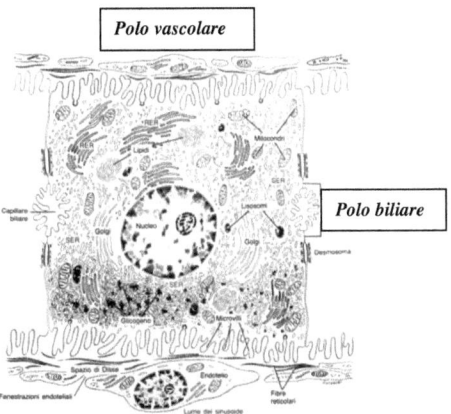

Fig 3: L'immagine illustra un epatocita con il polo vascolare posizionato nella zona apicale e quello biliare nella zona laterale (http://people.unipmn.it/pons/index_file/Page1039.html).

L'epatocita svolge un'ampia varietà di funzioni: metaboliche, di sintesi (ad esempio di proteine plasmatiche come Albumina, Fibrinogeno e proteine della fase acuta), di regolazione della glicemia, di immagazzinamento di Ferro e di Vitamine, cataboliche ed escretorie, intervenendo anche nella detossificazione dagli xenobiotici e nella produzione della bile.

Il fegato è l'organo centrale per l'omeostasi del glucosio, poiché è l'unico in grado di immagazzinarlo e di rilasciarlo secondo le necessità, rispondendo rapidamente a fluttuazioni della glicemia. Anche il tessuto muscolare è in grado di immagazzinare il glucosio, sotto forma di glicogeno. Infatti, esso possiede dei trasportatori specifici insulino-dipendenti, ma non è in grado di regolare la glicemia, non possedendo l'enzima glucosio 6 fosfatasi.

Dopo un pasto, l'aumento della glicemia viene rilevato dalle cellule β del pancreas, che in risposta rilasciano, nel circolo ematico, l'insulina. L'insulina è ormone peptidico, che ha il proprio recettore tetramerico (formato da due subunità α citosoliche, connesse a due subunità β, più esterne), localizzato sulla superficie dell'epatocita. Il legame recettore-ligando attiva IRS-1, ovvero il substrato del recettore insulinico, che si comporta da *scaffold* per altre proteine della trasduzione del segnale. A valle di queste troviamo l'attivazione della fosfatasi PP1, che defosforilando la glicogenosintasi, la attiva. In questo modo la cellula interrompe il processo di degradazione del glicogeno, favorendone la sintesi. L'insulina all'interno della cellula epatica stimola la trascrizione della glucochinasi epatica, la quale coniuga un gruppo fosfato in posizione 6 al glucosio così che una volta entrato nella cellula non possa più riuscirne, a meno che non vi sia la presenza della glucosio 6 fosfatasi. I recettori insulinici sono localizzati anche sugli adipociti e sulle cellule muscolari e qualora attivati favoriscono in un caso la lipogenesi e nell'altro la gluconeogenesi.

Nel digiuno, invece, il fegato regola la glicemia, sotto il segnale del glucagone, prodotto dalle cellule α del pancreas. Anch'esso agisce sul proprio recettore sull'epatocita, attivando la proteina chinasi cAMP dipendente (PKA), la quale fosforila un'altra chinasi, la fosforilasi chinasi. Essa, tra i suoi substrati di elezione, ha la glicogeno fosforilasi, che regola la glicogenolisi. Quando il digiuno è prolungato, inoltre, il fegato sotto la stimolazione del cortisolo (ormone dello stress) attiva la via della gluconeogenesi, utilizzando aminoacidi, lattato e glicerolo per la formazione di glucosio: la porzione azotata degli aminoacidi, dopo il processo di deaminazione viene convertita in urea, mentre il cheto-acido può entrare nel ciclo di Krebs. È il cortisolo che permette la trascrizione di 3 enzimi necessari allo svolgimento della glicolisi inversa: la fosfoenolpiruvato (PEP) carbossilasi, la fruttosio bifosfato fosfatasi e la glucosio 6 fosfato Fosfatasi.

In un epatocita, gli acidi grassi, provenienti dal flusso sanguigno, vengono internalizzati e utilizzati secondo le necessità (**Fig 4**): per la formazione di trigliceridi poi, esportati ai tessuti periferici tramite VLDL, lipoproteine a bassissima densità od ossidati da enzimi microsomiali e smaltiti come acidi biliari (dopo un pasto); oppure alfa-ossidati nei perossisomi o beta-ossidati nei mitocondri, per ottenere energia (nel digiuno) (Lewin, Genes IX).

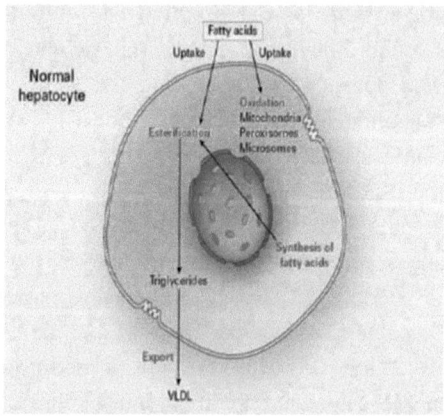

Fig 4: L'immagine rappresenta i diversi destini degli acidi grassi all'interno della cellula epatica (Il fegato nella sindrome metabolica, Antonino Picotto, Università di Genova).

NASH: FATTORI DI RISCHIO

L'insulino-resistenza (IR) è una dei principali fattori di rischio per lo sviluppo della NASH. L'IR è una condizione clinica in cui i livelli fisiologici di insulina sono insufficienti a determinare un effetto biologico sui propri recettori.

Nell'obesità coesistono, infatti, diversi dismetabolismi tra cui anche l'aumento della glicemia basale. Ciò porta a una continua ricerca del pancreas di produrre insulina sufficiente a ristabilire livelli normali di glicemia, con un conseguente sforzo delle cellule β e generazione di uno stato d'iperinsulinemia. Questa condizione, se protratta nel tempo, induce una desensibilizzazione del recettore insulinico e un suo non corretto funzionamento sulle cellule target. L'epatocita, quindi, è impossibilitato ad immagazzinare glucosio, come nel digiuno, favorendo così, la glicolisi, mentre gli adipociti attivano il processo lipolisi, degradando i trigliceridi e rilasciando in circolo grosse quantità di acidi grassi liberi (FFA). I FFA in eccesso sono internalizzati dagli epatociti e beta-ossidati in parte e in parte accumulati nel citoplasma (Dorn C. et al.; Int J Clin Exp Pathol, 2010).

Alcuni fattori di rischio sono di tipo genetico, dovuti a mutazioni nei loci che codificano per le apolipoproteine, causando un deficit dell'apoB100 (**Fig 5**), o di altre apolipoproteine. Ciò comporta che gli acidi grassi non siano caricati sulle VLDL e la formazione di inclusioni citoplasmatiche. L'accumulo di lipidi epatici prende il nome di steatosi o FLD (Fatty Liver Disease), la quale se non conseguente all'abuso di alcol è denominata NAFLD (Non Alcoholic Fatty Liver Disease), substrato su cui si genera a seguito dell'insulto infiammatorio, la sindrome di NASH (Non Alcoholic SteatoHepatitis).

Infine, anche altri fattori connessi all'obesità sono da annoverare: ipertensione, ipercolesterolemia (inteso come aumento delle LDL e come diminuzione delle HDL plasmatiche), ipertrigliceridemia, diabete di tipo 2. L'età maggiore di 45 anni e il sesso maschile.

Tutti questi fattori di rischio possono anche essere racchiusi in una unica sindrome, definita *metabolica*. La sindrome metabolica è una situazione clinica a alto rischio cardiovascolare aterosclerotico (tendenza alla formazione di placche aterosclerotiche) ed è dovuta alla presenza nello stesso individuo di almeno tre delle seguenti situazioni: obesità, ipertensione, ipertrigliceridemia, ipercolesterolemia, iperglicemia a digiuno ed età elevata. La steatosi epatica è ritenuta l'espressione epatica della sindrome metabolica.

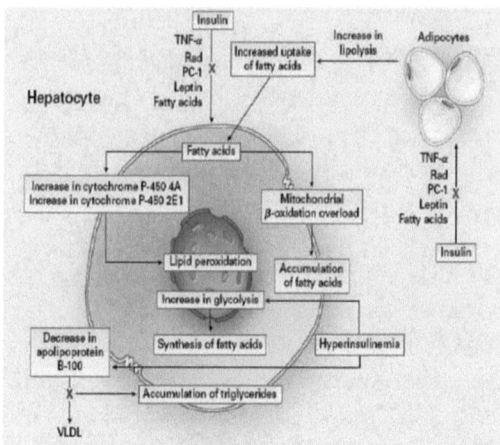

Fig 5: *Rappresentazione di un epatocita in condizione di insulino-resistenza. Questa insieme all'attivazione di citochine pro infiammatorie gioca un ruolo chiave nella fisiopatogenesi di NAFLD e poi di NASH. Inoltre, l'adipocita è in grado di produrre e secernere diverse sostanze tra cui adipocitochine coinvolte nell'infiammazione come IL-1β, IL-6, IL-8, IL-10, TNF-α e TGF-β; proteine della fase acuta come Amiloide A; Plasminogen Activator Inhibitor-1, Acylation Stimulating Protein e anche ormoni correlati all'insulino-resistenza come Leptina, Adiponectina, Resistina, Visfatina, che agiscono come segnale pro infiammatorio per l'epatocita (Il fegato nella sindrome metabolica, Antonino Picotto, Università di Genova).*

NASH: EPIDEMIOLOGIA

Data l'assenza di tecniche diagnostiche accurate e non invasive per discriminare la NAFLD dalla NASH, è difficile stimare la loro reale incidenza. Gli studi di popolazione di Szczepaniak et al del 2005 e di Clark et al del 2002, però si sono proposti comunque di stimare l'epidemiologia della NAFLD, negli Stati Uniti (Brian L. et al; Therapeutic Advances in Gastroenterology, 2010).

Così, dallo studio di Clark e colleghi del 2002 si riscontra che il 23% della popolazione ha un inspiegabile incremento dell'alanina transaminasi (ALT). Questo risultato è stato ottenuto attraverso un'analisi del The Third National Health and Nutrition Examination Survey 1988-94 (NHANES III), ovvero il terzo di una serie di programmi di raccolta di dati, effettuata dal National Center for Health Statistics, al fine di ottenere informazioni sulla salute e sull'alimentazione della popolazione degli Stati Uniti. Invece, Szczepaniak e collaboratori nel 2005 hanno rilevato che nella contea di Dallas, vi è la presenza di NAFLD nel 33,6% dei casi rispetto alla totalità delle malattie epatiche. Anche in articoli precedenti, del 1990, di Wanless e Lentz, si erano raggiunti dei risultati simili, facendo degli studi autoptici su pazienti, che non sono stati bevitori. Questi hanno suggerito che la steatosi si verifica nel 36% dei pazienti normopeso e nel 72% dei pazienti obesi, mentre la NASH sia presente nel 2,7% dei pazienti normopeso e nel 18,5% dei pazienti obesi. Ciò apriva le porte all'idea che ci fosse una correlazione tra obesità e la steatoepatite. Sempre Szczepaniak e i suoi collaboratori, nel 2005, hanno dichiarato che complessivamente, negli Stati Uniti, l'incidenza di NAFLD rientrava in un range che va dal 23% al 33,6% della popolazione totale, mentre quella di NASH varia tra il 2% e il 5,7%, in accordo con quanto detto da Wanless e Lentz nel 1990. Dati più recenti, però, risalgono al 2008, quando Ong e collaboratori hanno svelato un dato sconcertante: su 47 milioni di persone che negli Stati Uniti sono affetti da sindrome metabolica, fino all'80% potrebbe andare incontro a NAFLD.

L'età media dei pazienti, dato il crescente tasso di obesità infantile, si è ridotta a tal punto che la NAFLD ha cominciato a riguardare anche la popolazione in età pediatrica. In prevalenza, però, gli affetti risultano principalmente nella quarta decade se uomini e nella sesta decade se donne, come rilevato dallo studio di Ruhl e Everhart, del 2003.

NAFLD e NASH sono state riscontrate in tutti i gruppi etnici, in tutte le regioni del mondo, anche se lo studio di Ong e colleghi del 2008 ha dimostrato inaspettatamente che, negli Stati Uniti, l'incidenza è maggiore nella popolazione ispanica rispetto ai bianchi non ispanici o agli afroamericani, così come gli studi di spettroscopia protonica di Dallas, riportarono che la NAFLD ha un'incidenza del 33% tra i bianchi non ispanici, del 45% tra gli ispanici e il 24% negli afro-americani. Inoltre alcuni reports di Misra che risalgono al 2009 e di Amarapurkar del 2007, hanno indicato che steatosi ha un'incidenza tra gli indiani asiatici che è paragonabile a quella vista in Occidente e in Asia orientale, le stime di NAFLD variano dall'11,5% al 20,8%, come indicato da Shifflet e Wu in uno studio del 2009.

Il grafico seguente (**Tab 1**) mostra su un campione di pazienti con alterazioni dei test epatici e sierologia negativa, l'eziologia della variazione dei test.

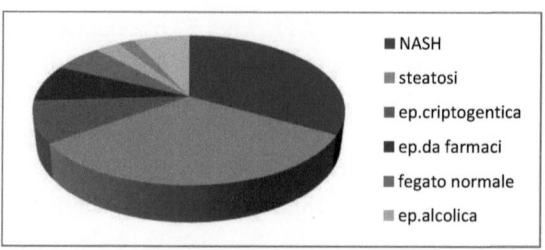

Tab 1: *Sulla totalità dei pazienti il 65% risulta affetto da NASH o da NAFLD in particolare il 33% è risultato positivo alla NASH, mentre il 32% alla NAFLD. Il restante 35% risulta così suddiviso: 9% ha epatite criptogenetica, l'8% epatite da farmaci, il 6% ha un fegato nella norma, il 3% ha un'epatite alcolica, il 2% autoimmune e il restante 7% per varie altre cause sia genetiche come l'emocromatosi o altro (Il fegato nella sindrome metabolica, Antonino Picotto, Università di Genova).*

NASH: FISIOPATOLOGIA

La patogenesi della NAFLD e la sua evoluzione a NASH sembrerebbe il risultato di una serie di "insulti" a danno del fegato, che hanno indotto i ricercatori a formulare una *"ipotesi multi hit"* (Estep J.M. et al; Obese Surg, 2009), come è schematizzato in **Fig 6**.

Il primo *hit* è quello che porta allo sviluppo della steatosi epatica, come conseguenza della resistenza all'insulina. L'eccesso di insulina, infatti, oltre all'aumento di FFA in circolo e al loro trasporto all'interno degli epatociti, causa la lipogenesi de novo, tramite l'attivazione di alcuni fattori trascrizionali, tra cui SREBP1-c, ovvero *sterol regulatory element-binding protein 1-c*. Anche gli elevati livelli ematici di glucosio sono in grado di attivare dei fattori trascrizionali, stimolando la ChREBP (*carbohydrate response element binding protein*), la quale attiva la trascrizione di geni che codificano per enzimi che partecipano anch'essi alla lipogenesi. Così, l'azione sinergica di SREBP-1 e di ChREBP attiva in maniera coordinata gli enzimi necessari per la conversione dell'eccesso di glucosio in acidi grassi (Fisiopatologia Molecolare della NAFLD, Villani R.).

Inoltre, la ridotta attività della "proteina microsomiale di trasferimento dei trigliceridi" (MTP), determinante nella sintesi delle VLDL altera l'esportazione dei lipidi e favorisce ulteriormente il loro accumulo negli epatociti (Fisiopatologia Molecolare della NAFLD, Villani R.).

L'incremento dei livelli sierici di acidi grassi induce anche un'inibizione dei recettori nucleari PPAR-α e PPAR-γ, i quali controllano gli enzimi responsabili dell'ossidazione degli acidi grassi. Quest'ultimo, è espresso nel fegato a livelli molto bassi in condizioni fisiologiche, ma in modelli murini di insulino-resistenza e steatosi epatica, la sua espressione è marcatamente aumentata (Semple RK. et al; J Clin Invest, 2006).

La conseguenza dell'accumulo di FFA negli epatociti è la produzione di ROS (specie reattive dell'ossigeno), che favorisce la perossidazione dei lipidi delle membrane dei mitocondri, del reticolo endoplasmatico (ER), e dei lisosomi e di diversi *pathways* apoptotici (Mahli H. et al; Semin Liver, 2008).

In questa fase, inizia anche il reclutamento delle cellule della risposta infiammatoria. Gli alti livelli di acidi grassi liberi circolanti infatti attivano una serie di complessi percorsi intracellulari, che determinano l'espressione delle proteine pro-apoptotiche Bim e Bax, del Toll-like receptor 4 (TLR4) e l'attivazione di JNK *kinase*. Con il progredire della infiammazione si ha la formazione di tessuto necrotico (Mahli H. et al; Semin Liver, 2008).

L'obesità viscerale sembra contribuire anch'essa allo sviluppo della NASH. Ciò tramite le funzioni endocrine del tessuto adiposo bianco, che secerne le adipochine, tra cui l'adiponectina, la leptina, la resistina, il fattore di necrosi tumorale α (TNF-α), la componente complementare 3 (C3), le interleuchine 1β, 6, 8, e 18 (Estep J.M. et al; Obese Surg, 2009, Estep J.M. et al; Obese Surg, 2009).

Tutti questi *"hits"* che determinano l'insorgenza di NASH, in seguito, possono anche permettere la sua progressione a cirrosi.

Ruolo delle cellule dell'immunità innata

Il sistema immunitario innato è la prima linea di difesa dell'organismo agli agenti patogeni, ai fattori stressogeni potenzialmente pericolosi e all'insorgenza di tumori. È costituito da barriere fisiche come la pelle, da barriere chimiche come il pH acido dello stomaco, da sottogruppi di linfociti, da cellule con capacità fagocitica e da fattori umorali. Tuttavia, benchè abbia un effetto protettivo, è coinvolta nella eziopatogenesi della NASH (Gao B. et al; Hepatology, 2008).

Il fegato svolge un ruolo preponderante nella risposta immunitaria, poiché grazie alla sua localizzazione, è esposto ad una grande varietà di antigeni provenienti dal tratto gastrointestinale, tra cui gli antigeni alimentari, agenti patogeni e tossine, che è in grado di rimuovere rapidamente dal circolo sanguigno grazie alle popolazioni di linfociti disposte attorno agli spazi portali. Inoltre, il fegato è responsabile della biosintesi dell'80%-90% delle proteine dell'immunità naturale (proteine della fase acuta, fattori del complemento, fattori della coagulazione) ed è in grado di secernere PRRs solubili, ovvero *pattern recognition receptors*, come l'MBL (lectina che lega il mannosio), che sono in grado di riconoscere specifiche strutture associate agli agenti patogeni.

Tra le cellule del sistema immunitario innato, residenti nel fegato, troviamo le cellule di Kupffer (KC) e alcuni tipi di linfociti. Le KC rappresentano circa l'80%-90% del totale dei macrofagi nell'organismo, mentre in un fegato umano medio di 1,5 kg, ci sono circa 1×10^{10} linfociti, tra cui: Natural Killer (NK), che sono circa il 40% di tutti i linfociti) e le Natural Killer T (NKT) (Li Z. et al; Curr Opin Gastroenterol, 2003).

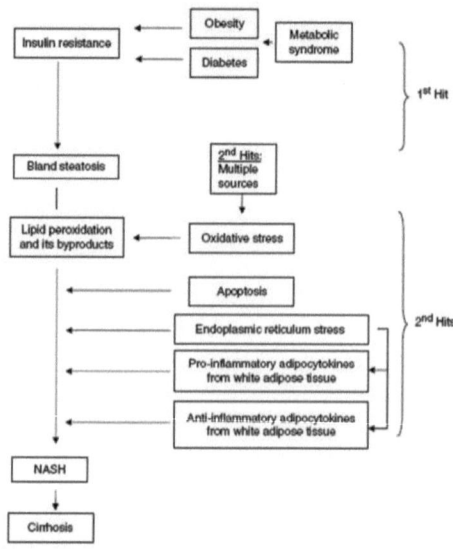

Fig 6: Patogenesi della steatoepatite non alcolica, secondo l'ipotesi "multi hit" (Lam B. et al; Therapeutic Advances in Gastroenterology, 2010).

Linfociti T helper-1

I linfociti T helper (Th) sono classificati in diversi sottogruppi, tra cui i più noti sono i Th1 e i Th2. I linfociti Th1 producono citochine pro-infiammatorie, come il tumor necrosis factor-β (TNF-β) e inducono l'attivazione dell'immunità cellulare, attraverso la produzione di IL2. I Th2, invece, producono citochine anti-infiammatorie, inducendo l'immunità umorale, dovuta principalmente alla produzione di anticorpi. L'equilibrio tra Th1 e Th2 gioca un ruolo fondamentale nella risposta immunitaria contro gli agenti patogeni.

La patogenesi della NASH è correlata all'eccesso di citochine pro-infiammatorie, attivanti l'immunità innata, prodotte dai linfociti Th1 (Li Z. et al; Curr Opin Gastroenterol, 2003) e alla carenza di quelle anti-infiammatorie (Maher J. et al; Hepatology, 2008).

L'immunità innata può essere attivata anche dagli acidi grassi provenienti dalla dieta, dai batteri intestinali e dal tessuto adiposo, grazie ai Toll-like receptors (TLR) (Wolowczuk I. et al; Clin Dev Immunol, 2008). I TLR riconoscono specifiche strutture dei patogeni o più in generale tutto ciò che è estraneo. Inoltre, le citochine, prodotte dal tessuto adiposo promuovono l'attivazione del sistema immunitario innato; il TNF-α attiva le cellule di Kupffer, interagendo con specifici recettori e queste sono, a loro volta, capaci di attivare le cellule NK o direttamente attraverso l'interazione tra il retinoic acid early inducible-1 (Rae1) sulle KCs e il natural killer group 2, member D (NKG2D) sulle NK o indirettamente attraverso la produzione di IL-12, 18 e TNF-α (Hou X. Et al; Hepatology, 2009).

Cellule di Kupffer

Le cellule di Kupffer (KC) derivano dai monociti circolanti che hanno origine dal progenitore mieloide comune nel midollo osseo. Queste costituiscono circa il 20% delle cellule epatiche non parenchimali (oltre alle cellule endoteliali, i linfociti, le HSC e i biliociti). Le KC possiedono *scavenger receptors*, recettori spazzini responsabili dell'eliminazione degli agenti patogeni provenienti dal circolo ematico e possono generare vari mediatori tra cui citochine pro-infiammatorie e ROS, che agiscono sia a livello locale sia sistemico, modulando così la risposta immunitaria. Queste risposte sono anche responsabili delle lesioni alle cellule epatiche. Così, le KC possono essere direttamente coinvolte nella patogenesi della NASH e a riprova di ciò, sono state trovate altamente reclutate e attivate in modelli murini di NASH, indotta con una dieta ricca di grassi. Adachi et al hanno riportato che l'inattivazione delle KC, attraverso cloruro di gadolinio, può prevenire lo sviluppo di steatosi in modelli murini (Adachi Y. Et al; Hepatology, 1994). Anche Rivera e collaboratori hanno similmente rilevato che la distruzione delle cellule di Kupffer può attenuare la steatosi, l'infiammazione e la necrosi (Rivera C. et al; J Hepatology, 2007).

In generale, il fenotipo dei macrofagi può avere due distinti stati di polarizzazione, detti M1 e M2. Lo stato M1 (macrofago attivato in modo classico) è indotto da mediatori pro-infiammatori, come l'IFN-γ e in questa condizione, il macrofago ha un'elevata capacità di presentare l'antigene, di rilasciare grandi quantità di citochine come l'IL-12, 6, il TNF-α, e l' IL-23, di attivare la risposta specifica delle Th1 e di produrre ROS, per la degradazione dei patogeni (*burst* ossidativo). Lo stato M2 (macrofago attivato in modo alternativo) risponde all'IL-4 e 13, promuovendo, invece, la risposta Th2. Il macrofago così secerne alti livelli di citochine anti-infiammatorie come l'IL-10 e 1. Alcuni studi hanno dimostrato che mentre i macrofagi nel tessuto adiposo di topi non in sovrappeso hanno le caratteristiche del fenotipo M2, i macrofagi di topi obesi hanno quelle del fenotipo M1.

Come i macrofagi, anche le KC hanno due possibilità di attivazione: stato pro-infiammatorio classico o anti-infiammatorio alternativo (Odegaard J et al; Cell Metab, 2008). Quelle classicamente attivate, insieme ai macrofagi M1 inducono la NASH, grazie alla produzione di TNF-α, IL-12, IL-6, e ROS. Infatti, è proprio il TNF-α la citochina fondamentale per la genesi della NASH e il trattamento con anticorpi anti-TNFα può migliorare la NAFLD in modelli murini. Il TNF-α è in grado di interagire con due specifici recettori, TNF receptor 1 (p55) e con il TNF receptor 2 (p75) e gli effetti di questo sulla NAFLD possono essere i seguenti: induzione della morte degli epatociti; insorgenza dell'insulino-resistenza, che si traduce in accumulo lipidico; regolazione dell'attivazione delle KC, attraverso un meccanismo autocrino. Nel fegato, la fonte primaria di TNF-α sono le KC, ma questo può derivare anche dal tessuto adiposo, nei soggetti obesi. In diete prive di colina, che inducono steatosi, la deplezione delle KC riduce l'espressione di IL-12, la quale favorisce la risposta delle Th1 ed è coinvolta nella deplezione epatica di cellule NKT, mentre di norma i livelli dell'mRNA di questa citochina sono significativamente incrementati in questo tipo di dieta. Ciò suggerisce che l'IL-12 partecipi al processo di formazione della steatosi, ma non alla sua progressione e che proprio le KCs siano le principali fonti nei pazienti (Yu-Tao Zhan et al; World Journal of Gastroesterology, 2010). Al contrario, i pazienti affetti da NAFLD che mostrano un incremento dei livelli di IL-6 hanno una maggiore prevalenza di infiammazione e fibrosi. Quindi sembrerebbe che l'IL-12 sia maggiormente coinvolta nella patogenesi, mentre la IL-6 nella progressione della NASH. Infatti, l'IL-6 è un mediatore potenziale di IR a livello locale, la quale può essere collegata a quella sistemica (Hong F. et al; Hepatology, 2004).

Le KC, inoltre, possono anche generare ROS, coinvolti nello sviluppo della steatosi e nell'insorgenza di IR. Lo stress ossidativo aumenta il rilascio di prodotti della perossidazione lipidica e di citochine, che insieme possono innescare le lesioni epatiche che portano alla NASH, anche se il meccanismo non è stato ancora chiarito (Pessayre D. et al; J Gastroenterol Hepatol, 2007). I ROS sono in grado di attivare l'inibitor of nuclear factor-kB (NF-kB) kinase, detta IKK e la Jun N-terminal Kinase (JNK). JNK stimola la trascrizione dei geni dell'infiammazione come anche IKK può fosforilare specificamente l'IkB che è l'inibitore del NFkB. L'NF-kB è un regolatore trascrizionale nucleare che funziona, durante il processo flogistico, come un "interruttore generale" dell'infiammazione, aumentando la trascrizione genica di un ampio range di mediatori infiammatori. Queste citochine sono alla base dell'induzione del fenotipo istologico classico della NASH inclusa la necrosi/apoptosi degli epatociti (TNF-α, TGF-β), la chemiotassi neutrofila (IL-8), l'attivazione delle cellule stellate (TNF-α, TGF-β) e la formazione di corpi di Mallory (TGF-β) (Jeong K. et al; Basic Appl Pathol, 2008).

In conclusione, le KC attivate, sono implicate nello sviluppo della NAFLD, attraverso diversi pathways, come illustra **Fig 7,** ma il meccanismo che porta all'attivazione di queste rimane ancora poco chiaro (Odegaard J et al; Cell Metab, 2008).

Linfociti Natural Killer T

I linficiti Natural Killer T (NKT) sono un sottogruppo di linfociti, che esprimono sia i marcatori delle cellule Natural Killer (NK), come CD94 e CD161, ma anche il T cell receptor (TCR). Le NKT differenziano dalle NK, diversificandosi da queste poiché acquisiscono il TCR. Queste originano dal timo e migrano verso organi periferici, tra cui milza e fegato, che è raggiunto anche da quelle provenienti dal midollo osseo. Queste cellule sono fondamentali nella risposta alle infezioni virali e nell'abbattimento di cellule tumorali, ma possono anche modulare le risposte infiammatorie e fibrogeniche in danni a carico del fegato e in tumori epatici maligni. Vi è una proporzionalità inversa tra il numero di NKT presenti sia a livello epatico che periferico e la gravità della steatosi, come confermano i modelli murini. Infatti, con il progredire della patologia si assiste a un'induzione all'apoptosi delle NKT, dovuta all'incremento dell'IL-12 prodotta e alla presenza di accumuli lipidici. Infatti, inoculando una aliquota di cellule NKT in topi obesi è possibile osservare una riduzione del 12% del contenuto di grasso epatico, già dopo 12 giorni, regredendo da steatosi macrovescicolare a microvescicolare. Il potenziamento dell'attività delle cellule NKT può diventare, quindi, uno strumento terapeutico per il trattamento della NASH, poiché le cellule NKT attivate esprimono il FAS ligando sulla loro superficie; questo può interagire con il recettore FAS, sulla membrana degli epatociti, inducendone l'apoptosi. Inoltre, possono rilasciare perforina, che crea dei pori a livello delle membrane degli epatociti, alterando l'equilibrio osmotico della cellula e graenzima, che è in grado di attivare le caspasi, portando alla degradazione programmata della cellula.

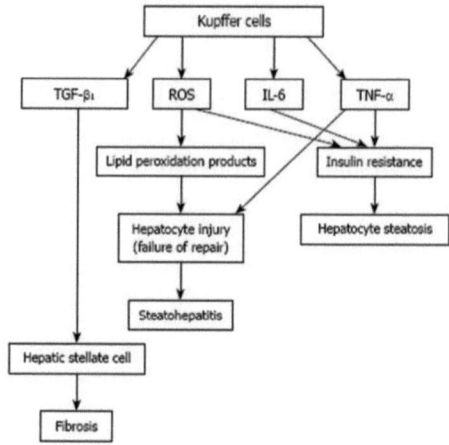

Fig 7: Lo schema chiarisce il ruolo delle cellule di Kupffer nello sviluppo della NAFLD. Le KCs attivate producono ROS, IL-6 e TNF-α, che induce l'insulino-resistenza e porta alla steatosi. La per ossidazione dei lipidi, indotta, invece dallo stress ossidativo, insieme all'incremento di citochine pro infiammatorie porta a lesioni epatiche che causano la stestoepatite. Inoltre le KCs attive producono TGF-β1, che attiva a sua volta le cellule epatiche stellate che producono un'elevata quantità di matrice extracellulare, che porta alla formazione di tessuto fibrotico (Yu-Tao Zhan et al; World Journal of Gastroesterology, 2010).

In più, le cellule NKT possono bilanciare la produzione locale di citochine provenienti dai linfociti Th1 e dalle Th2, poiché producono sia citochine tipiche della risposta Th1, come l'IFN-γ, TNF-α, che quelle tipiche delle Th2, come l'IL-4. Pertanto, la deplezione delle cellule NKT può portare alla polarizzazione Th1, la quale ha un ruolo chiave nella NASH. Recentemente, però, sono sorte teorie contrastanti sul ruolo delle NKT, quindi si crede che possano esisterne diversi sottotipi, con funzionalità opposte (You-Tao Zhan et al; World Journal of Gastroesterology, 2010).

Cellule Natural Killer

Le NK sono una componente importante della risposta immunitaria innata contro i virus, poiché hanno la capacità di lisare le cellule infettate, similmente alle NKT, di secernere citochine che inibiscono la replicazione virale e di attivare la risposta immunitaria adattativa. Le cellule NK originano dal midollo osseo, subiscono un complesso processo di maturazione, che porta all'acquisizione delle loro funzioni effettrici e in seguito vengono diramate al circolo sanguigno, alla milza, al fegato, dove sono abbondanti e al polmone. Nel fegato, le cellule NK risiedono a livello dei sinusoidi, sono cellule grandi, ricche di granulazioni. Queste sono coinvolte nella patogenesi del danno epatico, della fibrosi e della rigenerazione. L'attività citotossica delle cellule NK del sangue periferico di topi a cui viene imposta una dieta ricca di grassi, è significativamente ridotta (Lamas O. et al; J Nutr Biochem, 2004). Lo stesso è stato comprovato nell'uomo, dimostrando che vi è un decremento dei livelli ematici di NK, che nei controlli rappresentano il 30% della totalità dei linfociti, mentre in pazienti affetti da steatosi sono solo il 16%; di conseguenza, si assiste a una riduzione dell'attività citotossica ad esse associata. Anche in questo, però, vi sono delle discrepanze perché alcuni studi hanno dimostrato che vi è invece un incremento nel fegato di questa classe cellulare, quando è colpito da steatosi (Kahraman A et al; Hepatology, 2010). Quindi, è possibile che ci sia una differente popolazione di cellule NK a livello ematico e epatico e che ad esse siano associate funzioni differenti.

Le cellule NK possono avere due ruoli diversi nella patogenesi della NAFLD. In primo luogo, è stato dimostrato che hanno un effetto anti-fibrotico, che può essere duplice: uccidono direttamente le cellule stellate epatiche attivate, le quali sono il principale tipo cellulare fibrogenico nel fegato, poiché sono in grado di produrre una grande quantità di matrice extracellulare e poi sono in grado di rilasciare IFN-γ, inducendo le cellule stellate ad arrestare il ciclo cellulare e ad innescare il processo apoptotico (Radaeva S. et al; Gastroenterology, 2006). In secondo luogo, possono proteggere gli epatociti dall'ingiuria della NASH, dove vi è una sovrapproduzione del tumor necrosis factor-related apoptosis-inducing ligand (TRAIL), molecola attraverso la quale le cellule NK sono in grado di uccidere gli epatociti. L'apoptosi degli epatociti, indotta dall'IFN-γ prodotto dalle cellule NK, caratterizza il danno epatico. Inoltre, sono l'IL-12, 15 e 18, prodotte dalle KCs, che inducono la produzione di IFN-γ da parte delle NK. L'accumulo di IL-12 o IL-18 stimola l'espansione delle sottopopolazioni di cellule NK, che producono grandi quantità di IFN-γ nel microambiente epatico.

Anche l'IL-15 è una citochina importante, poichè mantiene l'attivazione delle cellule NK, e ne regola lo sviluppo e la sopravvivenza. Così, topi IL-15-/-, subiscono un decremento numerico delle NK. Al contrario, l'IL-10 può sopprimere l'attivazione delle cellule NK. Infine, possono essere attivate attraverso l'espressione del ligando del NKG2D da parte dei macrofagi o da parte delle cellule tumorali, che interagisce con il recettore NKG2D sulla NK. Un incremento del ligando dell'NKG2D sulle KCs attiva le cellule NK e induce il danno degli epatociti. Questo ligando è anche altamente espresso nell'epatocarcinoma e quindi si pensa alla possibilità di eradicare le cellule tumorali grazie a questa interazione specifica. Le interazioni tra cellula NK e epatocita o cellula stellata sono illustrate in **Fig 8**.

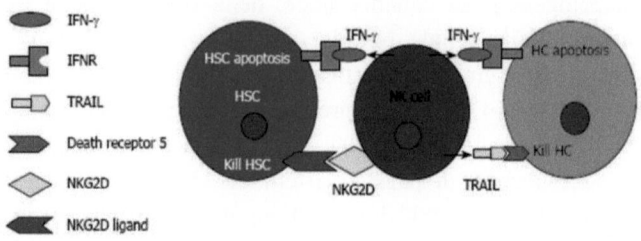

Fig 8: Ruolo potenziale delle cellule Natural Killer epatiche nello sviluppo della NAFLD (Yu-Tao Zhan et al; World Journal of Gastroesterology, 2010).

Dislipidemia, sistema immunitario e resistenza all'insulina

Tra i pazienti affetti da steatosi è alto il tasso di dislipidemia. Questa comprende ipertrigliceridemia, ipercolesterolemia e una riduzione del colesterolo HDL. L'idrolisi dei trigliceridi libera gli acidi grassi, che possono attivare una risposta immunitaria, poiché sono capaci di guidare i macrofagi a risiedere nel tessuto adiposo, dove reclutano ulteriori monociti dalla circolazione. I macrofagi residenti nel tessuto producono alti livelli di TNF-α, che può peggiorare l'IR. Inoltre, l'eccessiva quantità di acidi grassi può influenzare l'IR attraverso i seguenti meccanismi: 1) la stimolazione della JNK kinase e della IKK kinase, le quali possono causare la resistenza all'insulina, promuovendo la fosforilazione della serina aberrante dell'insulin receptor substrates1 (IRS-1), così da inibire la trasduzione del segnale che passa dal recettore insulinico; 2) l'attivazione della PKC, che causa anch'essa resistenza all'insulina, aumentando la fosforilazione aberrante dell'IRS-1; 3) la formazione di ROS, generati dall'ossidazione degli acidi grassi, che possono anch'essi attivare la via di JNK e IKK e quindi indurre insulino-resistenza e stress a livello del reticolo endoplasmatico (Yu-Tao Zhan et al; World Journal of Gastroesterology, 2010).

NASH: GENETICA

L'obesità è un fattore di rischio primario per la NAFLD, ma non tutti gli individui obesi sono affetti da questa patologia. Dato che i meccanismi patogenetici sono molteplici e ancora non univocamente chiariti, possono essere diversi i geni che, se mutati, influenzano il suo sviluppo. Per questa ragione, viene definita "multifattoriale", ovvero dovuta a più concause, tra le quali vi è lo stile di vita. Alla base di questa suscettibilità sono state indicate due mutazioni puntiformi (SNPs) una è la sostituzione di una T in posizione 455 con una C e l'altra è la sostituzione di una C in posizione 482 con una T all'interno del gene APOC3, che codifica per l'apolipoproteina C3 (Petersen K. Et al; N Engl J Med, 2010). In seguito, sono state identificati altri loci di suscettibilità, tra questi è stato analizzato il gene PNPLA3, che codifica per una lipasi che è in grado di idrolizzare i triacilgliceroli all'interno degli adipociti e il gene LYPLAL-1, che codifica invece per una lisofosfatasi. Mutazioni all'interno di questi causano accumulo di grassi e obesità viscerale (Hotta K. et al; BMC Medical Genetics, 2010). Inoltre, varianti vicino NCAN, gene che codifica per una molecola di adesione, PPP1R3B, che codifica per una proteina che regola la degradazione del glicogeno e GCKR che attraverso l'inibizione della glucochinasi, regola il deposito di glucosio e la lipogenesi de novo, sono associate a cambiamenti nei livelli sierici di lipidi e glicemici. Data l'eterogeneità genetica nell'eziologia della steatosi epatica, bisognerebbe pensare a terapie personalizzate, per poter curare in modo specifico i pazienti affetti.

NASH: STORIA NATURALE

La maggior parte dei pazienti affetti da NAFLD non subisce un aggravamento delle proprie condizioni e quindi non ha una progressione della malattia. Sembrerebbe che il rischio di progressione sia determinato dal sottotipo istologico. Infatti, la maggior parte dei pazienti con blanda steatosi solitamente hanno un decorso benigno, mentre i pazienti in cui è stata dimostrata la presenza di NASH hanno un alto potenziale di progredire verso condizioni più gravi (Ong J. et al; Clin Liver Dis, 2007). Sebbene la maggior parte dei reports suggeriscano che la presenza di sindrome metabolica o delle sue componenti sia predittiva di NASH e di fibrosi, alcuni studiosi, come Uslusoy nel 2009, indicano che non sia così. Tuttavia, sono tutti concordi nel credere che la progressione dalla condizione di NASH a fibrosi, cirrosi e eventualmente a HCC (come illustrato in **Fig 9**) si verifichi sicuramente se vi è la presenza di insulino-resistenza e di diabete di tipo 2. Ad ogni modo, i pazienti affetti da NAFLD risultano avere una mortalità generale superiore alla media. Questo aumento della mortalità generale deriva dalla sindrome metabolica, che spesso è in comorbidità con la NAFLD, e che rappresenta uno dei maggiori rischi cardiovascolari. Infatti, una delle principali cause di morte tra gli affetti è la malattia coronarica. Oltre alla mortalità cardiaca, nei pazienti affetti da NASH c'è la possibilità di mortalità correlata al danno irreparabile al fegato. Le tre più frequenti cause di morte, quindi, in questi pazienti sono la malattia coronarica, il tumore, spesso associato a NASH e l'insufficienza epatica, che porta a un aumento dei livelli di ammonio in circolo, il quale viene anche assorbito dal cervello che per cercare di detossificarsi usa l'α-chetoglutarato del ciclo di Krebs per formare glutammato. Quando i livelli di ammonio risultano essere troppo alti, però vi è una completa interruzione del ciclo di Krebs dovuta alla mancanza dei propri substrati, così il cervello rimane senza possibilità di utilizzo delle proprie fonti energetiche e si ha il coma e poi conseguentemente la morte. Infatti, proprio uno dei metodi per tentare di abbassare i livelli di ammonio circolante è somministrare lassativi, per permettere di espellerlo e glucosio, fonte energetica per il cervello e aminoacidi per riconvertirli in intermedi del ciclo. La mortalità correlata al danno epatico è la tredicesima causa di morte più comune nella popolazione mondiale. L'età del paziente e la presenza di infiammazione risultano essere fattori di rischio per la progressione verso la fibrosi, ma non vi è ancora chiarezza su questo punto.

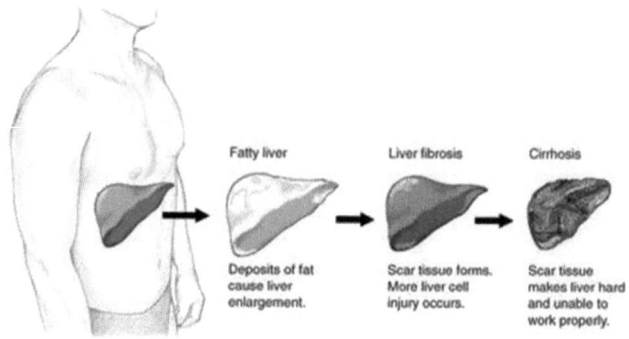

Fig 9: L'immagine illustra la naturale progressione dalla condizione di steatosi epatica, caratterizzata da depositi di grasso che causano un incremento delle dimensioni epatiche, fino a arrivare allo stato di fibrosi, con aumento del numero di cellule colpite e con la formazione di tessuto cicatriziale e infine allo sviluppo di cirrosi, dove il tessuto cicatriziale si addensa facendo perdere di elasticità al fegato che ora non è più pienamente in grado di svolgere le proprie funzioni. In questo stato l'organo risulta "raggrinzito" con delle dimensioni inferiori alla norma

(http://www.causeandcurefortype2diabetes.com/fatty-liver-disease.html).

Riassumendo, i fattori di rischio per la progressione della NASH verso la cirrosi sono: un'età superiore ai 50 anni; un BMI (Body Mass Index) superiore ai 28

Kg/m2, come tipico dell'obesità; presenza di necrosi infiammatoria; l'incremento delle alanina aminotransferasi (ALT) di oltre il doppio rispetto alla norma; un rapporto AST/ALT (alanina aminotransferasi) superiore a 1; una ipertrigliceridemia, con valori ematici che superano i 150 mg/dL di trigliceridi; la presenza di insulino-resistenza, diabete mellito e ipertensione.

Benché ci siano ancora molti punti da chiarire di sicuro c'è che tra il 15% e il 25% degli affetti da NASH si aggrava a cirrosi in 10-20 anni. Lo sviluppo di cirrosi porta a un altro un grosso rischio, che è quello di sviluppare carcinoma epatocellulare (HCC), nel 69% dei casi multi nodulare, similmente ai pazienti con cirrosi alcolica. Ciò accade nell'8% dei casi.

L'HCC è un tumore maligno comune (è la terza causa di morte per cancro al mondo) che di solito si sviluppa in pazienti con epatite B, epatite C o con malattia epatica dovuta all'abuso di alcol. Recentemente, però, anche la NASH è stata considerata un'altra causa di cirrosi epatica e di carcinoma epatocellulare. Il meccanismo della carcinogenesi nei pazienti affetti da NASH rimane incerta, però certamente l'insulino-resistenza e lo stress ossidativo possono essere coinvolti. Nelle cellule cancerose l'insulin-like growth factor 1 (IGF-1) attiva in modo significativo la mitogen-activated protein kinase (MAPK o detta ERK) e porta all'overespressione dei protoncogeni c-fos e c-jun. La leptina media la neovascolarizzazione, che è coordinata da VEGF. Lo stress ossidativo può indurre il danneggiamento del DNA e la perossidazione lipidica da cui si ottiene il sottoprodotto trans-4-idrossi-2-nonenale, il quale può essere un importante agente eziologico di HCC, attraverso l'induzione della mutazione nel codone 249 del gene p53. I ROS sono anche in grado di attivare il processo di fibrosi. Inoltre, il principali prodotto della perossidazione lipidica, la malondialdeide, stimola anch'essa le mutazioni del DNA. Quindi, l'infiammazione, processo durante il quale vengono prodotte grandi quantità di ROS, è un fattore di rischio per la formazione di carcinomi. Lo stress ossidativo inattiva l'espressione del gene Nrf1 che regola la trascrizione genica di enzimi antiossidanti, così che non vi è modo di detossificare la cellula referenza. Inoltre, l'acido eicosapentaenoico (EPA) migliora la steatoepatite, diminuendo i livelli sierici di ROS e di conseguenza inibendo lo sviluppo di HCC. Così, il trattamento con EPA può ridurre al minimo il rischio di sviluppo di HCC in pazienti affetti da NASH (Takuma Y. et al; World J of Gastroenterology, 2010).

NASH: DIAGNOSI

Nel 1980, Ludwig et al coniarono la terminologia "Non-alcoholic Steatohepatitis (NASH)" per descrivere il quadro clinico riscontrato dall'analisi istologica del fegato di 20 pazienti della Clinica Mayo (Ludwing J. et al; Mayo Clin, 1980). Dall'osservazione del tessuto epatico prelevato si accorsero che questi pazienti mostravano tutti i segni che identificano normalmente l'epatite alcolica, pur non avendo mai fatto abuso di alcol.

La steatosi epatica non presenta sintomi e non è associata a disturbi specifici, se non in alcuni casi a pesantezza al di sotto dell'arcata costale destra o all'emiaddome alto di destra; pertanto, molto frequentemente, il riscontro è casuale, in seguito ad esami di routine o eseguiti per altri motivi.

Per poter delineare correttamente il quadro clinico è necessario dapprima lo svolgimento di una serie di esami ematologici, che prevedono:

    ↓ l'analisi delle transaminasi, ovvero quegli enzimi epatici deputati alla deaminazione degli aminoacidi, il cui aumento è marker di patologie del fegato. Nei pazienti con NASH, le transaminasi sono moderatamente elevate (dalle 3 alle 5 volte superiori rispetto al normale), anche se valori normali da soli non possono escludere la presenza di alterazioni necro-infiammatoria o fibrosi.

    ↓ Il rapporto di aspartato aminotransferasi (AST) e di alanina aminotransferasi (ALT) è di solito inferiore a 1, ma aumenta con la progressione del livello di fibrosi.

    ↓ La fosfatasi alcalina sierica (ALP) e le γ-glutamil transferasi (γGT) potrebbero essere leggermente elevate.

Alterazioni caratteristiche sono anche la ipoalbuminemia (come mostra la Fig 10), ovvero scarsa quantità di Albumina in circolo, che è quella proteina che garantisce l'equilibrio oncotico ematico, evitando edemi o asciti che risultano invece frequenti nelle patologie a carico del fegato, un tempo di protrombina prolungato e iperbilirubinemia diretta e indiretta. Sono spesso anche presenti negli affetti da NASH un aumento dei livelli sierici di ferritina, saturazione della transferrina e un incremento dei marcatori della resistenza all'insulina e della fibrosi epatica rispetto al fegato grasso semplice, ma attualmente le sole analisi di laboratorio non possono confermare una chiara diagnosi di NASH (Sumida Y. et al; World J Hepatol, 2010).

È utile comunque eseguire una valutazione completa di laboratorio per escludere altre cause di malattia epatica. Ciò include uno screening per le epatiti virali come l'epatite virale B e il virus dell'epatite C (HCV), che risultano essere più comuni, così come un'indagine per le cause meno comuni, tra cui patologie autoimmuni, malattie genetiche come il morbo di Wilson, emocromatosi e la deficienza di alfa-1-antitripsina o valutare la presenza di neoplasie epatiche e infezioni epatobiliari. Ulteriori indagini possono essere la ricerca di anticorpi anti-nucleo (ANA) e anticorpi anti-mitocondrio (AMA) i quali livelli dovrebbero essere valutati per poter escludere altre patologie. Sono comuni nei pazienti affetti da NASH/NAFLD gli autoanticorpi sierici, anche se bassi titoli di positività agli ANA sono stati rilevati fino a un terzo dei pazienti affetti da NASH/NAFLD, mentre titoli ANA superiore a 1:320 sono generalmente rari. Pertanto, la positività ANA non sempre esclude NASH/NAFLD.

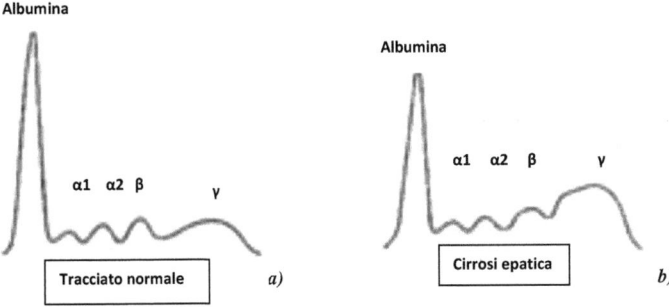

Fig 10: Analisi di un profilo elettroforetico del siero di un paziente sano in Fig 10a e di un affetto da NASH in fig 10b. Come di può notare, nel caso b) vi è un evidente decremento del picco relativo all'Albumina, il quale in alcune situazioni può essere preceduto da un ulteriore picco definito Pre-Albumina, indice di stati malnutrizionali; è anche possibile vedere un incremento del picco delle β e delle γ globine, indice dello stato infiammatorio. L'albumina è una proteina plasmatica prodotta dal fegato ed è necessaria per mantenere la pressione oncotica, ovvero la pressione osmotica necessaria per la corretta distribuzione dei liquidi corporei nel compartimento vascolare e nei tessuti. In stati carenziali si assiste alla formazione di edema, ovvero un aumento del flusso di acqua dal sangue verso i tessuti (http://it.wikipedia.org/wiki/Esami_del_sangue).

Vale la pena anche valutare i livelli delle lipoproteine a bassa densità (LDL) e di apolipoproteina B (Apo-B), un'alterazione della quale è classificata come una delle cause di NAFLD. Inoltre, un test di imaging, come un'ecografia (US) **Fig 11**, una tomografia computerizzata (TC) o una risonanza magnetica, può rivelare la presenza di accumuli di grasso nel fegato, ma la sensibilità di questo è bassa e non consente di differenziare la steatoepatite dalla steatosi epatica. Esistono anche altre modalità di indagine molto promettenti, come elastografia transitoria (Fibroscan o EchoSens), ma sebbene queste tecniche risultino rapide, indolori, senza complicazioni associate e quindi siano preferibili alla biopsia epatica, a tutt'oggi non vi sono metodi di valutazione non invasiva che permettano di distinguere tra steatosi semplice e NASH (Sumida Y. et al; World J Hepatol, 2010). Per poter discriminare la steatoepatite non alcolica da quella alcolica che all'apparenza risulta simile, è necessario che il paziente non abbia mai abusato di alcol. Non esiste però un chiaro accordo per quanto riguarda la definizione di "livelli di consumo di alcol significativi". Secondo l'Associazione Italiana per lo Studio del Fegato, un consumo quotidiano di alcol di 20 g per le donne e di 30 g per gli uomini sarebbero i valori di cutoff ottimale della steatoepatite non alcolica. Mentre, sono state approvate come soglie accettabili per definire la steatoepatite non-alcolica dal National Institutes of Health Clinical Research Network i livelli di assunzione di 20 g/d (140 g settimanali) per gli uomini e 10 g/d (70 g settimanali) per le donne. La ragione per cui una piccola quantità di assunzione di alcol è consentita per la diagnosi di NASH si basa sul fatto che i livelli di assunzione al di sopra delle soglie definite risultano tossici per il fegato.

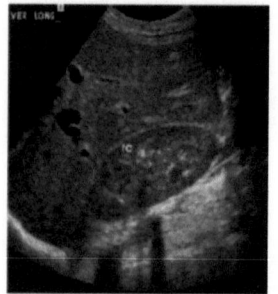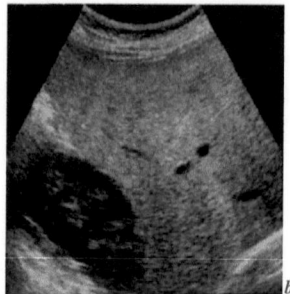

a)   b)

Fig 11: a) ecografia di paziente sano; b) ecografia di paziente con fegato steatosico (Steatoepatite non alcolica-NASH, M. Casiraghi, Ospedale G. Salvini-Rho).

Risulta così difficile poter discriminare NAFLD (Non-Alcoholic Fatty Liver Desease) da AFLD (Alcoholic-induced Fatty Liver Desease), cioè da patologie a carico del fegato dovute all'abuso di alcol, infatti le caratteristiche istologiche sono indistinguibili. Inoltre, i marcatori convenzionali come il volume corpuscolare medio, le γGT e rapporto AST/ALT non sono utili e specifici per l'abuso cronico di alcol e hanno quindi un valore limitato, mentre la misurazione dei livelli di transferrina carboidrato-carente (CDT) è la più usata ed è risultata il marker più specifico per individuare l'abuso cronico di alcol: i livelli sierici di CDT risultano inferiori nei pazienti con epatite alcolica rispetto a quelli con NASH. In ogni caso, è necessario indagare attentamente nella storia del paziente per poter escludere qualsiasi tipo di causa che, non relata alla NASH, abbia portato all'accumulo di lipidi nel fegato (Sumida Y. et al; World J Hepatol, 2010).

Attualmente, la valutazione istologica di campioni bioptici di fegato rimane la metodica d'elezione per la diagnosi di NAFLD. Le principali caratteristiche istologiche della NASH ai primi stadi, includono la presenza di lipidi addensati in strutture microvescicolari, definiti liposomi che si dispongono attorno al nucleo dell'epatocita. Questa condizione è definita steatosi microvescicolare. A poco a poco che i lipidi si accumulano nella cellula, in strutture sempre più macrovescicolari, determinano uno spostamento del nucleo prima centrale, verso la periferia cellulare, facendole assumere un aspetto tipico di "anello con castone", caratteristico dagli adipociti. Ciò delinea il passaggio da steatosi microvescicolare a steatosi macrovescicolare. I vacuoli di grandi dimensioni possono anche "coagulare" e formare così delle grosse cisti, divenendo lesioni irreversibili. Viene diagnosticata la steatosi quando il grasso nel fegato supera il 5-10% in peso. Maggiore sarà il discostamento dall'aspetto tipico dell'epatocita, maggiore sarà anche la perdita della sua funzionalità.

Vi si nota, inoltre, una degenerazione balloniforme degli epatociti, anche detta a "mongolfiera" e una infiammazione lobulare. Gli epatociti vengono definiti balloniformi quando risultano di grosse dimensioni, hanno un citoplasma pallido e rarefatto e mostrano un nucleo ipercromatico e un nucleolo prominente. Questi potrebbero essere il risultato di alterazioni dei filamenti intermedi del citoscheletro e della steatosi micro vescicolare. Possono essere rilevate altre particolarità come la fibrosi perisinusoidale e pericellulare, la presenza di corpi di Mallory-Denk (MDB), megamitocondri, corpi acidofili apoptotici, nuclei glicogenati e emosiderosi. I corpi di Mallory si generano quando alcuni epatociti accumulano delle matasse aggrovigliate di filamenti intermedi di citocheratina ed altre proteine, visibili sottoforma di inclusioni citoplasmatiche eosinofile. Proprio in queste zone e dove si trovano gli epatociti degenerati si accumulano i neutrofili. Linfociti e macrofagi permeano anch'essi dai vasi portali ed invadono il parenchima. In fase avanzata possono essere presenti fibrosi, prevalentemente dovuta all'attivazione delle cellule stellate sinusoidali e dei fibroblasti portali e infine cirrosi. La fibrosi si sviluppa principalmente nelle regioni perisinusoidali, portando a un peggioramento degli scambi con il microcircolo, poiché gli endoteli vengono defenestrati, dato che sono compressi dall'accumulo di collagene nello spazio di Disse e perivenulari e questo determina una frammentazione del parenchima. La cirrosi è una alterazione dell'architettura strutturale del fegato, caratterizzata da noduli di neoformazione con l'attivazione di tessuto fibrotico colla genico. È la progressione del tessuto fibroso che modica l'architettura epatica, questa modificazione dovuta all'infiltrazione del tessuto connettivo tra gli epatociti ne provoca la necrosi. Quando l'epatocita va in necrosi si rigonfia, fino al punto in cui rilascia il materiale citoplasmatico all'esterno, il quale risulta essere causa di un ulteriore incremento dell'infiammazione (Brunt E. et al; World J Gastroenterol, 2010). La steatoepatite non-alcolica, ovvero la complicanza necrotico-infiammatoria della steatosi è più frequentemente macrovescicolare e può essere associata ad una fibrosi di vario grado. Nel 1999, Matteoni e collaboratori divisero i tipi di NAFLD in quattro categorie:

- **Tipo1:** Steatosi;
- **Tipo2:** Steatosi associata a infiammazione lobulare con abbondanza di granulociti polimorfo nucleati;
- **Tipo3:** Steatosi associata a degenerazione balloniforme;
- **Tipo4:** Steatosi associata a fibrosi, inizialmente localizzata a livello delle regioni perisinusoidali e/o alla presenza di corpi di Mallory (che sono comuni, ma non necessari), come illustrato in **Fig 12**. Il Tipo 3 e 4 sono considerati NASH.

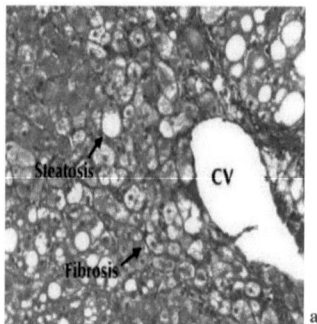 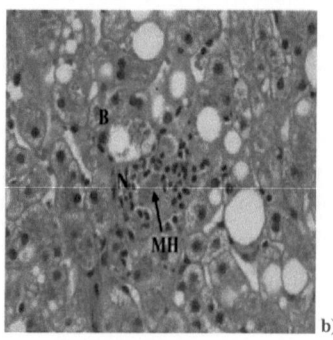

Fig 12: l'immagine a) rappresenta una biopsia epatica, dove è possibile notare delle regioni steatotiche e fibrotiche. CV vena centro lobulare. Nell'immagine b) si può notare B degenerazione balloniforme, N infiltrato neutrofilo, MH corpi ialini di Mallory (Steatoepatite non alcolica-NASH, M. Casiraghi, Ospedale G. Salvini-Rho).

Dopo un decorso medio di 18,5 anni, la mortalità correlata al tipo 3 o 4 è stata valutata del 17,5%, in netto incremento rispetto a studi precedenti, rispetto al 2,7% del tipo 1 o 2. Sulla base di questo sistema di classificazione, gli epatociti balloniformi potrebbero essere considerati come un elemento caratteristico per la diagnosi istologica di NASH.

Un altro sistema di identificazione è stato sviluppato dal National Institute of Diabetes and Digestive and Kidney Disease. Questo, attraverso un punteggio, denominato NAS (NAFLD Activity Score) che è la somma ponderata dei punteggi per la steatosi (0-3), infiammazione lobulare (0-3) e degli epatociti balloniformi (0-2), ma non comprendente la fibrosi, però permette di discriminare i casi di NASH e non NASH (Brunt E. et al; Hepatology, 2009). L'assegnazione dei punteggi è illustrata in **Tab 2.**

Test non invasivi

C'è una crescente esigenza di strumenti di screening semplici, poco invasivi e accurati. Per distinguere tra steatosi epatica semplice e NASH, sono tenuti in considerazione gli indicatori di resistenza all'insulina, di stress ossidativo, di infiammazione, di fibrosi e di apoptosi. E' possibile rilevare un significativo incremento nel siero di affetti da NASH della tioredoxina (TRX) che è una proteina inducibile da stress ossidativo e che contiene un gruppo tiolo. Questa ha un ruolo importante nella regolazione dell'equilibrio redox della cellula. Ciò non accade nella steatosi semplice (Sumida Y. et al; J Hepatol, 2003). Inoltre, sono elevati anche i prodotti finali della glicazione avanzata (AGE) e i prodotti di reazione tra proteine e zuccheri (Hyogo H. et al; J Gastroenterol Hepatol, 2007). Anche bassi livelli circolanti di solfato-DHEA (DHEA-S) potrebbero avere un ruolo nello sviluppo e nella progressione della patologia. Il deidroepiandrosterone (DHEA) è l'ormone steroideo più abbondante in circolo. Questo sembra sia in grado di influenzare la sensibilità dei ROS (specie reattive dell'ossigeno), la sensibilità all'insulina e l'espressione dei PPAR-α, che attivato porta alla proliferazione cellulare. Il PPAR-α è il primo tra i PPARs ad essere stato scoperto. Questi sono stati chiamati così perché sono agenti che inducono la proliferazione dei perossisomi nelle cellule (Charlton M. et al; Hepatology, 2008). Anche l'apoptosi ha un ruolo importante nella patogenesi della NASH. Infatti, i livelli di citocheratina 18 (CK-18), una proteina coinvolta nel processo apoptotico, risultano elevati in pazienti con NASH rispetto a quelli con fegato grasso semplice. Questi sembrano avere una correlazione con il grado di neovascolarizzazione, processo che risulta significativo nella NASH (Kitade M. et al; World J of Gastroenterology, 2009). È però ancora troppo ottimistico pensare a un singolo biomarker che preveda in modo attendibile la presenza di NASH, dal momento che risulta una condizione con un fenotipo complesso e con multiple comorbidità.

NAFLD activity score (NAS)[47]

Item	Definition	Score	Diagnosis
Steatosis	< 5%	0	Total score
	5%-33%	1	0-2: non-NASH
	> 33%-66%	2	3-4: borderline
	> 66%	3	5-8: NASH
Lobular inflammation	No foci	0	
	< 2 foci per 200 × field	1	
	2-4 foci per 200 × field	2	
	> 4 foci per 200 × field	3	
Ballooning	None	0	
	Few balloon cells	1	
	Many cells/prominent ballooning	2	

Tab 2 : Criteri per la diagnosi di NASH. La % di steatosi è da riferirsi al numero di epatociti coinvolti. Un NAS ≥5 è quasi sempre associato alla diagnosi di NASH e mentre un NAS ≤3 è considerato non-NASH. I pazienti che con un punteggio di 3 o 4 sono ritenuti borderline. Lo scopo principale del NAS è quello di valutare il cambiamento globale dell'istologico (Sumida Y. et al; World J Hepatol, 2010).

NASH: TRATTAMENTO

Il tentativo dei ricercatori è quello di trovare dei trattamenti che abbiano come esito il miglioramento del grado di obesità, del diabete, dell'ipertensione e della dislipidemia, intervenendo, quindi, direttamente sulle cause che determinano la patogenesi della NAFLD, che risulta essere un danno a carico del fegato ancora reversibile, a differenza della sua evoluzione in NASH che è difficilmente revertibile.

Per quanto riguarda l'obesità, è opportuno un cambiamento dello stile di vita sedentario, associato a una dieta ipocalorica. L'esercizio fisico è importante poiché può favorire l'incremento della massa muscolare e promuovendo la perdita di peso, è in grado di aumentare la sensibilità periferica all'insulina. Huang e colleghi conducendo uno studio su 23 pazienti con biopsia epatica positiva alla NAFLD, sono riusciti a dimostrare l'effetto positivo della perdita di peso. Dopo 1 anno, 9 pazienti sui 15 totali, che sono riusciti ad avere un calo ponderale, hanno mostrato un miglioramento della patologia (Huang et al; Am J Gastroenterol, 2005). Ciò è stato confermato in seguito da studi su un più ampio campione di popolazione che chiariscono che non solo si può assistere a un miglioramento dell'esame istologico, ma anche a una riduzione delle ALT (Suzuki et al; J Hepatol, 2005).

Esistono anche dei farmaci che possono aiutare nella perdita di peso. Tra questi troviamo l'Orlistat e la Sibutramina, i quali sono stati approvati dalla US Food and Drug Administration (FDA). L'Orlistat è un inibitore della lipasi enterica, mentre la Sibutramina è un inibitore della ricaptazione della serotonina e della norepinefrina, così da promuovere il senso di sazietà e aumentare il consumo energetico dell'organismo, stimolando la termogenesi. Diversi studi si sono occupati dell'effetto della somministrazione di questi due farmaci su pazienti affetti da NAFLD, mostrando gli esiti positivi del trattamento, associato a un regime ipocalorico, soprattutto sulla valutazione del modello omeostatico (HOMA), poiché inducono una riduzione della resistenza all'insulina (Harrison et al; Hepatology, 2009). Anche a livello bioptico è stato rilevato un miglioramento nel grado di steatosi, infiammazione e fibrosi, nella maggior parte dei pazienti. Questi farmaci comunque vengono somministrati solo nel caso in cui non risulti possibile in altro modo la perdita di peso.

Dal momento che anche la resistenza all'insulina è un fattore chiave nello sviluppo di NAFLD e NASH, si è tentato di indagare su come risensibilizzare l'organismo all'insulina, attraverso l'uso di farmaci.

I Tiazolidinedioni (TZDs) sono degli agonisti dei recettori PPAR-γ, attivati dalla proliferazione perossisomale. Questi promuovono l'ossidazione degli acidi grassi a livello epatico, riducono la lipogenesi epatica e aumentano la sensibilità periferica ed epatica all'insulina (Oh et al; Ailment Pharmacol Ther, 2008). Il Rosiglitazone e il Pioglitazone fanno parte di questa categoria e sono quelli più utilizzati per migliorare la sensibilità all'insulina, i livelli delle transaminasi e i livelli di adiponectina, anche se non si è riscontrato alcun cambiamento significativo del grado di fibrosi (Ratziu et al; Gastroenterology, 2008).

La Metformina, invece è un altro farmaco in grado di migliorare la sensibilità all'insulina sia periferica che epatica, riducendo la gluconeogenesi, la lipogenesi, l'ossidazione degli acidi grassi e determinando un decremento dell'assorbimento intestinale di glucosio e della concentrazione ematica di lipidi. Sembra che questa possa avere una buona efficacia anche sulla reversione del grado di infiammazione e fibrosi (Loomba et al; Ailment Pharmacol Therap, 2008).

Le statine sono farmaci di elezione per il trattamento delle dislipidemie. Queste, infatti, riducono la produzione di colesterolo, inibendo competitivamente l'HMG-CoA riduttasi (coenzima epatico idrossimetil-glutaril A).

Alcuni studi hanno anche valutato il potenziale terapeutico di altri agenti ipolipemizzanti, come i fibrati e gli acidi grassi omega-3. I fibrati possono essere efficaci nel trattamento della NASH, poiché attivano i recettori PPAR-α, determinando un aumento di colesterolo HDL, ad alta densità e una riduzione dei trigliceridi, delle LDL e VLDL, a bassa e bassissima densità (Fernandez-Miranda et al; Dig Liver Dis, 2008).

Anche lo stress ossidativo gioca un ruolo centrale nella patogenesi della malattia, quindi si cercano sempre nuovi antiossidanti. L'ossidazione degli acidi grassi accumulati a livello epatico induce la produzione di ROS, che causano danno cellulare e che, in accumulo, portano al rilascio di citochine pro-infiammatorie, come il TGFβ1, che favorisce l'incremento della fibrosi. La Vitamina E è un inibitore del TGFβ1, perciò risulta essere un antiossidante efficace, ma per incrementare i suoi effetti benefici sarebbe preferibile somministrarla in associazione al Pioglitazone. Infatti, il trattamento combinato migliora la steatosi, la degenerazione degli epatociti e la fibrosi (Sanyal A. et al; N Engl J Med, 2010).

Altri antiossidanti sono mirati ad avere una funzione citoprotettiva, come la Betaina e la S-adenosilmetionina (SAM), che hanno un'azione anti-apoptotica e anti TNF-α (citochina pro-infiammatoria, secreta a seguito della produzione di ROS, a seguito della perossidazione lipidica, che promuove la necrosi, la fibrogenesi, l'insulino-resistenza epatica e l'apoptosi) e la N-acetil-cisteina (NAC), che aumenta la concentrazione di glutatione epatico, scavenger per la detossificazione dai ROS (Kwon et al; J Nutr, 2009). È improbabile che gli antiossidanti diventino il cardine della terapia contro la NASH, ma possono essere somministrati in combinazione con altri trattamenti più mirati.

Uno dei trattamenti a cui bisogna ricorrere, in alcuni casi, per la cura della patologia è il trapianto di fegato, però, è stato dimostrato che è possibile che si verifichi una ricorrenza della patologia in breve tempo, con progressione a fibrosi e cirrosi.

Benché molti progressi siano stati compiuti nell'epidemiologia, nell'evoluzione e nella patogenesi della NAFLD, non è stata ancora stabilita un'unica modalità efficace di trattamento.

ARTICOLI ANALIZZATI

__Hepatic Expression Patterns of Inflammatory and Immune Response Genes Associated with Obesity and NASH in Morbidly Obese Patients__

Adeline Bertola, Stèphanie Bonnafous, Rodolphe Anty, Stèphanie Patouraux, Marie-Christine Saint-Pau, Antonio Iannelli, Jean Gugenheim, Jonathan Barr, Josè M.Mato, Yannick Le Marchand-Brustel, Albert Tran, Philippe Gual.

Plos ONE, Ottobre 2010, Vol.5, Issue 10, e13577

__Toll-like receptor-2 deficiency enhances non-alcoholic steatohepatitis__

Chantal A. Rivera, LaTausha Gaskin, Monique Allman, Jia Pang, Kristen Brady, Patrick Adegboyega and Kevin Pruitt.

BMC Gastroenterology 2010

Capitolo 2: SCOPO DELL'ELABORATO

La NAFLD (Non-Alcoholic Fatty Liver Desease) è una patologia cronica che interessa il fegato ed è in crescita nei Paesi Occidentali; lo stile di vita e la dieta ricca di grassi, hanno comportato negli ultimi anni un incremento del tasso di obesità, di diabete e di ipertensione anche a livello pediatrico. La NASH (Non-Alcoholic SteatoHepatitis) appartiene all'ampio spettro clinico che caratterizza la NAFLD, ed è associata ad obesità e a resistenza all'insulina. La patogenesi della NASH secondo l'ipotesi "multi hits" prevede l'aumento del livello sierico di acidi grassi liberi a causa dell'insulino-resistenza, che provoca una deregolazione delle lipoproteine lipasi, con il conseguente accumulo anche a livello epatico di lipidi, caratteristico della steatosi. Negli epatociti i lipidi provocano stress ossidativo e di conseguenza perossidazione dei fosfolipidi, costituenti le membrane cellulari. Ciò causa reclutamento delle cellule della risposta infiammatoria e disregolazione della produzione di citochine, chemochine e adipochine. Questi eventi, aggravati dall'insulino-resistenza inducono la morte per apoptosi e necrosi degli epatociti, determinando anche l'incipit della flogosi e della conseguente fibrosi. Tale condizione nel 20% dei casi può progredire fino allo sviluppo di cirrosi ed epatocarcinoma multifocale (Takuma Y. et al; World Journal of Gastroenterology, 2010).

Nel primo studio, Bertola e collaboratori hanno valutato l'espressione, attraverso PCR-RT, di 222 geni che codificano per proteine coinvolte nella risposta immunitaria, tra cui anche i toll like receptors 2 e 4, in biopsie epatiche prelevate da pazienti obesi ma con fegato normale, da pazienti affetti da steatosi semplice, o colpiti da NASH. Lo scopo della ricerca era quello di identificare l'espressione di patterns infiammatori up-regolati negli stati patologici a carico del fegato e di chiarire quali siano i geni attivati nella risposta immunitaria associata all'obesità e alla NASH. La stessa valutazione è stata compiuta in prelievi di tessuto adiposo, poiché in stati infiammatori, si assiste a una produzione di adiponectine, o citochine pro-infiammatorie, come la Monocyte Chemoattractant Protein 1 (MCP1), che reclutano in sede i monociti attivati (Bertola A. et al; Plos One, 2010).

Nel secondo studio, Rivera e colleghi, invece hanno investigato la potenziale interazione tra una dieta ricca di grassi e il signalling del TLR-2. Questo recettore appartiene alla superfamiglia dei toll like receptors ovvero una classe di pattern recognition receptors che hanno la funzione di riconoscere gli agenti patogeni. In particolare, in questo studio si è voluta esaminare l'influenza degli acidi grassi saturi sull'attivazione del processo infiammatorio, rispetto a quelli insaturi e investigare sull'importanza del TLR-2 nel meccanismo patogenetico della NASH. Per fare ciò, è stata valutata l'estensione della steatoepatite in topi wild type e in topi TLR-2 -/-, ovvero deficitari del TLR-2, nutriti con una dieta priva di colina e metionina ed arricchita con olio di mais o con olio di cocco. La scelta di questa tipologia di indagine è dovuta al fatto che negli ultimi anni si è assistito ad un incremento del consumo di acidi grassi saturi, come il palmitato, la cui presenza è segnalata dai TLRs, e lo stearato, i quali è stato dimostrato che abbiano un ruolo pro-infiammatorio (Rivera C. et al; BMC Gastroenterology, 2010).

Questo studio si è concentrato sul TLR-2, il quale è coinvolto nel traffico dei lipidi, poiché regola l'uptake delle proteine diacilate e sul TLR-4, poichè entrambi questi recettori sembrerebbero coinvolti nell'insorgenza della NASH. Infatti, è stato dimostrato che topi deficitari della via di segnalazione del TLR-4, risultano protetti dall'instaurarsi della NASH, indotta dalla dieta (Rivera et al.; Joumal of Hepatology, 2007).

Capitolo 3: MATERIALI E METODI

Hepatic Expression Patterns of Inflammatory and Immune Response Genes Associated with Obesity and NASH in Morbidly Obese Patients
Adeline Bertola, Stèphanie Bonnafous, Rodolphe Anty, Stèphanie Patouraux, Marie-Christine Saint-Pau, Antonio Iannelli, Jean Gugenheim, Jonathan Barr, Josè M.Mato, Yannick Le Marchand-Brustel, Albert Tran, Philippe Gual.
Plos ONE, Ottobre 2010, Vol.5, Issue 10, e13577

Studio di popolazione

Per lo studio di popolazione, sono stati reclutati 18 pazienti con obesità patologica dal Dipartimento di Chirurgia Digestiva e di Trapianti del fegato dell'ospedale di Nizza e sottoposti a chirurgia bariatrica. Per poter partecipare a questa ricerca, tutti i pazienti hanno dovuto sottoscrivere un consenso informato, come imposto dalla legislazione francese in materia etica e di ricerca umana (legge Huriet-Serusclat).

La **Tab 3** mostra le caratteristiche dei pazienti con obesità patologica. Prima dell'intervento i pazienti sono stati sottoposti a un prelievo ematico, a digiuno, per poter ottenere i valori delle ALT (Alanina Aminotransferasi), delle AST (Aspartato Aminotranferasi), delle γGT (gamma glutamiltrasferasi), della fosfatasi alcalina, dell'Albumina e della Bilirubina totale e coniugata. Per la valutazione dell'insulino-resistenza è stato utilizzato il modello omeostatico di valutazione o indice HOMA-IR. Durante l'intervento sono stati prelevati campioni bioptici dal fegato di questi pazienti, così da poter fare un'analisi istopatologia, seguendo la metodica di assegnazione del punteggio pubblicata da Kleiner e collaboratori. Le quattro caratteristiche istopatologiche tenute in considerazione per la valutazione sono:

1) *il grado di steatosi*, a cui viene attribuito un punteggio da 0 a 3. 0 se è inferiore al 5%, 1 se è compreso tra il 5% e il 30%, 2 invece, se risulta superiore al range 30%-60% e infine 3 se risulta superiore al 60%;

2) *la presenza di infiammazione lobulare* a cui anche in questo caso viene attribuito un punteggio da 0 a 3. 0 se non vi è alcun focolaio infiammatorio, 1 se il numero dei focolai è inferiore a 2 per campo ottico a 200x di zoom, 2 se ce ne sono dai 2 ai 4, nelle stesse condizioni, 3 se ce ne sono più di 4 per campo ottico;

3) *la quantità di cellule balloniformi*, punteggio 0 se non sono presenti, 1 se ce ne sono poche, 2 se ce ne sono molte e altre sono in trasformazione;

4) *il grado di fibrosi*, valutata con un punteggio che va da 0 se non ve ne è la presenza a 4 se invece è ampiamente diffusa, fino a progredire allo stadio di cirrosi.

Dagli stessi 18 pazienti, sono stati ottenuti dei campioni di tessuto adiposo viscerale, i quali sono stati congelati e quindi analizzati.

Come controllo è stato utilizzato l'RNA totale isolato da biopsie epatiche di soggetti sani che non hanno mostrato alcun segno di patologia. L'assenza di un eventuale processo infiammatorio in atto è stata comprovata dai bassi livelli di espressione della proteina C reattiva, proteina prodotta dal fegato nelle prime fasi del processo flogistico. Invece, il controllo per l'analisi del tessuto adiposo è stato ottenuto da 4 soggetti normopeso: due femmine e due maschi, di età compresa tra i 26 e i 48 anni e con un BMI compreso tra il 21.4 e il 22.8 kg/m2.

Inoltre, gli autori hanno voluto valutare, attraverso i sieri di 9 pazienti magri e di 70 pazienti obesi (di cui 15 sono pazienti S0, 23 S3 e 23 pazienti con NASH e steatosi severa), le concentrazioni sieriche di IL-6, TNF-α, IP10 e MCP1 mediante Luminex e quelle di endotossina, mediante LAL test.

Infine, la concentrazione di palmitato è stata valutata nel siero di 25 pazienti con obesità patologica, confrontandola con i valori ottenuti da un campione di siero commerciale, utilizzando una cromatografia su fase liquida-spettrometria di massa (LC/MS), che è una tecnica che combina la funzionalità della separazione fisica tipica della cromatografia liquida o detta HPLC, con la capacità di analisi della massa della spettrometria di massa.

	S0	S3	NASH
Sex (female/male)	5/1	5/1	1/5
Age (years)	36.2±5.9	36.0±3.4	43.2±4.0
BMI (kg/m²)	43.8±0.6	44.3±1.9	40.2±1.3*
ALT (IU/L)	17.5±3.9	35.1±4.2*	58.0±9.7*/§
AST (IU/L)	20.0±3.8	24.9±2.2*	35.2±4.4*/§
GGT (IU/L)	19.5±2.6	33.7±7.3*	57.2±15.2*
Alkaline phosphatase (IU/L)	74.7±8.9	87.3±10.6	75.0±3.4
Albumin (g/L)	37.9±1.0	42.1±1.5*	43.9±1.3*
Total bilirubin (μmol/L)	8.8±2.4	7.1±0.5	10.4±1.7§
Conjugated bilirubin (μmol/L)	1.8±0.7	2.1±0.1	2.6±0.2
Fasting insulin (mIU/L)	7.1±0.9	13.7±3.5	26.0±6.3*
Fasting glucose (mmol/L)	4.9±0.1	5.4±0.3	7.3±1.3*
HOMA-IR	1.6±0.2	3.5±1.1*	7.9±1.7*/§
Triglycerides (mmol/L)	0.99±0.14	1.61±0.27	4.44±1.44*/§
Free fatty acids (mmol/L)	0.44±0.06	0.64±0.05	0.47±0.08
Total cholesterol (mmol/L)	4.74±0.42	5.89±0.45	6.34±0.42*
HDL cholesterol (mmol/L)	1.40±0.11	1.50±0.14	1.14±0.07
LDL cholesterol (mmol/L)	2.90±0.44	3.66±0.34	3.18±0.27
NAFLD Activity Score (n)	*0 (6)*	*3 (6)*	*5 (5) 6 (1)*
Grade of steatosis (n)	0 (6)	3 (6)	3 (6)
Lobular inflammation (n)	0 (6)	0 (6)	1 (5) 2 (1)
Hepatocellular ballooning (n)	0 (6)	0 (6)	1 (6)
Fibrosis (n)	1 (6)	1 (6)	1 (6)

Tab 3: Caratteristiche dei pazienti scelti per la ricerca. Il gruppo S0 comprende pazienti che hanno un istologico normale; il gruppo S3 è costituito da pazienti con steatosi severa; infine il NASH è formato da pazienti affetti da NASH. I dati sono stati comparati usando il test non parametrico Kruskal-Wallis

Real-time PCR quantitative

Per l'estrazione dell'RNA totale dal tessuto adiposo o dal fegato sono stati utilizzati alcuni kit commerciali: l'*RNable total RNA extraction kit* e l'*RNeasy Miny Kit*. La qualità e la quantità dell'RNA isolato sono stati determinati usando il bioanalizzatore *Agilent 2100* e il kit *RNA 6000 Nano Kit* della ditta *Agilent Technologies*. Invece, per operare la trascrizione inversa, l'RNA totale estratto (1 μg) è stato sottoposto a retrotrascrizione mediante il kit *High Capacity cDNA Reverse Trascription*. La PCR real-time quantitativa è stata realizzata con l'*ABI PRISM 7900/7500 Fast Real Time PCR System* e l'uso di coloranti *FAM* acquistati dalla *Applied Biosystems*. I valori di espressione dei diversi geni sono stati normalizzati per il valore del gene RPLP0 (Ribosomal Phosphoprotein Large P0) e calcolati basandosi sul metodo comparativo del ciclo soglia (Ct).

Analisi statistica

Gli autori hanno utilizzato il test Kruskal-Wallis, non parametrico per fare l'analisi statistica dell'espressione genica differenziale tra due gruppi di studio. Tuttavia, non sono stati considerati modificati in maniera sostanziale i geni o con meno di 1,5 volte di differenza tra due gruppi o con una differenza causata da un solo paziente in uno dei due gruppi.

Toll-like receptor-2 deficiency enhances non-alcoholic steatohepatitis
Chantal A. Rivera, LaTausha Gaskin, Monique Allman, Jia Pang, Kristen Brady, Patrick Adegboyega and Kevin Pruitt.
BMC Gastroenterology 2010

Trattamenti sugli animali

Topi TLR-2$^{-/-}$ sono stati incrociati per otto generazioni con topi C57BL/6. In questi, è stata indotta la steatoepatite grazie a una dieta MCD, priva di metionina e colina, a differenza della dieta che è stata somministrata ai topi di controllo (CD) che comprendeva anche questi due elementi. Come mostrato in **Tab 4** la dieta MCD in un caso è stata arricchita con una quantità giornaliera di 112.9 g di olio di cocco, per questo motivo questa dieta è stata definita SAFA, poiché è ricca di acidi grassi saturi, mentre è stata addizionata all'alimentazione definita PUFA, ovvero ricca di acidi grassi polinsaturi la stessa quantità giornaliera di olio di mais, nutrendo così i topi *ad libitum* per 8 settimane. È stato inserito nella dieta SAFA l'olio di cocco, poiché contiene circa il 90% di acidi grassi saturi e quindi tra tutti gli oli vegetali è quello che ha una minor quantità di acidi grassi insaturi.

Ingredient (g/Kg)	Control Diet	PUFA Diet	SAFA Diet
Cornstarch	419.1	384.7	384.7
Dyetrose	140	140	140
Sucrose	100	100	100
Cellulose	50	50	50
oil	70	112.9	112.9
Salt Mix #210030	35	35	35
Sodium Bicarbonate	6.4	6.4	6.4
Vitamin Mix#310025	10	10	10
Choline Bitartrate	2.5	0	0

Tab 4: Schema che illustra le componenti espresse in g/Kg per i 3 diversi tipi di diete: dieta di controllo (CD), che comprende anche metionina e colina, ha solo 70g/Kg di olio, la dieta PUFA, che invece è deficitaria dei 2 aminoacidi e comprende, invece, 112.9g di olio di mais e infine la dieta SAFA, che come la PUFA è deficitaria di Metionina e Colina, ma comprende 112.9g di olio di cocco.

Verifica del danno epatico

Dopo aver somministrato per 8 settimane le diete prima descritte, Rivera e collaboratori hanno prelevato una biopsia di ciascun fegato e l'hanno conservata in una soluzione tampone contenente zinco, che ha la capacità di fissare i tessuti. In seguito sezioni di biopsia sono state colorate con i coloranti ematossilina e eosina e sono state osservate al microscopio ottico da uno degli autori ignaro dello scopo della ricerca, così che fosse imparziale nell'osservazione per valutare la gravità del danno epatico. Nelle sezioni è stata segnalata la presenza di steatosi, di infiammazione e in alcuni casi anche di necrosi, assegnando a ciascun topo un punteggio che tenesse conto della valutazione fatta. L'assenza di queste caratteristiche istopatologiche è stata indicata con il numero 0 mentre le situazioni peggiori hanno ricevuto un punteggio di 3.

Trascrizione inversa e PCR real-time

L'RNA totale è stato estratto dalle biopsie epatiche congelate e 500 ng di RNA totale sono stati sottoposti retrotrascritti. E' stata valutata l'espressione dell'mRNA per TNF-α, IL-10, PPAR-γ, collagene α1, TLR-4 e CD14, mediante PCR-RT utilizzando primers forniti dalla *Applied Biosystem*. Per la normalizzazione dei risultati si è scelto di amplificare il cDNA di una proteina non correlata all'esperimento, ovvero la subunità 18S ribosomiale.

Western blotting

Per la valutazione del contenuto proteico sono stati separati su SDS-PAGE 50 mg di estratto proteico totale. In seguito, le proteine sono state trasferite su una membrana di fluoruro di polivinile, la quale è stata successivamente incubata con un anticorpo anti TLR-2, alla temperatura di 4°C, per tutta la notte. Lo stesso procedimento può essere eseguito, utilizzando degli anticorpi anti β-actina, incubando la membrana per 1 ora a temperatura ambiente. L'analisi della β-actina con specifici anticorpi viene utilizzata come controllo di caricamento. La membrana viene poi trattata con un anticorpo secondario coniugato con perossidasi di rafano (HRP), per un'ora a temperatura ambiente ed il segnale viene impressionato su una lastra fotografica, mediante chemioluminescenza (ECL).

Analisi dei dati

L'analisi statistica è stata effettuata sui punteggi ottenuti dalla valutazione dei campioni istologici, mediante il test ANOVA. Per ogni parametro testato, sono state operate 6 osservazioni per ciascun gruppo.

Capitolo 4: RISULTATI

Hepatic Expression Patterns of Inflammatory and Immune Response Genes Associated with
Obesity and NASH in Morbidly Obese Patients
Adeline Bertola, Stèphanie Bonnafous, Rodolphe Anty, Stèphanie Patouraux, Marie-
Christine Saint-Pau, Antonio Iannelli, Jean Gugenheim, Jonathan Barr, Josè M.Mato, Yannick Le
Marchand-Brustel, Albert Tran, Philippe Gual.
Plos ONE, Ottobre 2010, Vol.5, Issue 10, e13577

Dati clinici e biochimici

Le caratteristiche dei 18 pazienti, con obesità patologica, scelti per la ricerca, sono riportate in **Tab 3** all'interno della sezione relativa ai materiali e metodi. La divisione dei pazienti è stata fatta in base al grado di steatosi osservato dalla biopsia epatica. Sono stati creati 3 gruppi ciascuno costituito da 6 pazienti: il gruppo S0 comprende individui che non presentano per nulla la steatosi; il gruppo S3 è caratterizzato da pazienti con steatosi severa, mentre in NASH sono compresi pazienti che hanno mostrato dei segni evidenti di NASH nell'esame istologico, oltre a steatosi severa. Tutti i membri che appartengono al terzo gruppo hanno ottenuto, a seguito dell'analisi del tessuto prelevatogli, un punteggio di NAS ≥ 5 (*NAFLD activity score*) e hanno tutti lo stesso grado primitivo di fibrosi. Dal prelievo ematico è stato possibile rilevare una netta differenza, tra i tre gruppi, nelle concentrazioni delle transaminasi (ALT, AST e γGT), della bilirubina totale, dell'insulina, del glucosio, dei trigliceridi e del colesterolo a digiuno. Tutti questi valori sono risultati notevolmente incrementati nel gruppo NASH. Inoltre, anche il grado di infiammazione e di fibrosi è risultato incrementato in questo gruppo.

Geni upregolati nella Sindrome di NASH

Lo studio di Bertola e collaboratori ha come fine ultimo caratterizzare la reazione infiammatoria e la risposta immune in pazienti affetti da NAFLD. Per fare ciò, gli autori hanno esaminato, attraverso l'utilizzo di primers specifici e di PCR-RT quantitativa, i livelli di espressione di 222 geni correlati con il processo infiammatorio. Tra questi vi sono dei CD, ovvero una serie di proteine transmebranarie con funzione antigenica, come il CD62E, detto anche E-selectina o il

CD28, o il CD44, delle chemochine e i loro relativi recettori, come la CXCL 11 e il CXCR3, le semaforine/plexine, come la SEMA 4A, dell'interleuchine come l'IL-6 e l'IL-18, IFN, TNF-α, TGF-β, NFkB e i geni coinvolti nei pathways connessi ai *Toll like receptors.* Dei 222 geni testati 192 sono stati trovati espressi nel fegato, nelle condizioni sperimentali scelte dagli autori. In seguito, sono stati eseguiti dei confronti per rilevare quali geni fossero potenzialmente coinvolti nello sviluppo dell'obesità, della steatosi epatica e della NASH. Per prima cosa, sono stati confrontati i profili di espressione dei 222 geni nelle biopsie epatiche di pazienti affetti da NASH e in quelle di pazienti che facevano parte del gruppo S3. Sono stati presi in considerazione quei geni che risultavano up-regolati più di 1,4 volte nei pazienti affetti da NASH rispetto al gruppo S3, che presentava solo steatosi severa e di conseguenza anche rispetto al gruppo S0 e ai controlli (pazienti magri che non presentano malattie epatiche), poiché questi ultimi o non avevano sviluppato la patologia, pur essendo obesi oppure erano magri e sani. In questo modo, sono stati rilevati i geni che risultano overespressi nei pazienti affetti da NASH. Questi geni possono essere divisi in due categorie: la prima include 38 geni, che sono specificamente sovraregolati nei pazienti del gruppo NASH e non in quelli del gruppo S0 e S3. La seconda comprende 20 geni che sono upregolati sia nei pazienti compresi nel gruppo S0 che in quello S3, ma i loro livelli di espressione genica risultano ulteriormente incrementati nei pazienti con NASH. L'elenco completo dei 58 geni è riportato in **Tab 5,** illustrata di seguito.

Gene symbol	Controls	S0	S3	NASH	Fold NASH vs S3	P NASH vs S3
CD						
CD62E/E-Selectin	1.00±0.35	4.39±1.37*	9.19±2.52*	50.28±15.99*	5.5	0.005
CD69/EA1	1.00±0.16	1.63±0.25	1.76±0.47	6.22±1.78*	3.5	0.016
CD54/ICAM1	1.00±0.16	1.76±0.24*	1.88±0.21*	6.48±1.10*	3.5	0.006
CD80/B7-1	1.00±0.06	2.79±0.70*	2.59±0.49*	8.62±2.22*	3.3	0.025
CD11b/ITGAM	1.00±0.18	1.20±0.13	1.38±0.20	4.15 ±1.30*	3.0	0.006
CD44	1.00±0.18	1.77±0.19*	2.03±0.16*	4.63±0.89*	2.3	0.006
CD18/LFA1	1.00±0.21	0.97±0.14	1.31±0.14	2.85±0.59*	2.2	0.010
CD86/B7-2	1.00±0.25	1.79±0.23	2.20±0.26	4.83±0.79*	2.2	0.008
CD28	1.00±0.15	1.33±0.12	1.69±0.21	3.57±0.67*	2.1	0.046
CD48/LFA3	1.00±0.27	1.13±0.17	1.45±0.12	2.90±0.59*	2.0	0.010
CD68	1.00±0.10	2.20±0.19*	2.25±0.20*	4.12±0.42*	1.8	0.010
Chemokines and chemokine receptors						
CXCL8/IL8	1.00±0.10	7.21±2.79*	8.12±1.76*	73.71±27.14*	9.1	0.006
CCL4/MIP1b	1.00±0.15	1.17±0.18	1.81±0.34	7.78±1.95*	4.3	0.006
CXCL11	1.00±0.23	1.25±0.16	1.72±0.19	7.19±3.08*	4.2	0.010
CCL2/MCP1	1.00±0.32	2.58±0.48*	3.08±0.32*	12.52±5.78*	4.1	0.037
CXCL1/GROα	1.00±0.49	2.46±1.42	7.13±3.72	26.03±7.49*	3.7	0.016
CCL3/MIP1a	1.00±0.19	2.45±0.35*	3.80±1.39*	14.19±1.64*	3.7	0.011
CXCL10/IP10	1.00±0.32	0.81±0.20	1.11±0.27	3.58±0.66*	3.2	0.010
CXCR2/IL8RB	1.00±0.21	1.66±0.42	1.93±0.30	6.12±0.97*	3.2	0.006
CCR7	1.00±0.15	1.48±0.09*	2.28±0.40*	6.63±2.06*	2.9	0.045
CXCL3/GROγ	1.00±0.36	2.91±0.76*	5.02±1.21*	13.82±3.59*	2.8	0.028
CXCL9	1.00±0.29	0.74±0.12	1.10±0.12	2.91±0.52*	2.7	0.016
CCL5/RANTES	1.00±0.21	0.88±0.12	0.92±0.10	2.48±0.89*	2.7	0.037
CXCR1/IL8RA	1.00±0.18	2.54±0.86*	2.77±0.52*	7.39±1.31*	2.7	0.010
CCR5	1.00±0.14	0.84±0.11	0.94±0.03	1.87±0.24*	2.0	0.004
CXCL16	1.00±0.11	1.19±0.18	1.55±0.17	2.38±0.39*	1.5	0.025
Semaphorins and plexins						
PLXNC1	1.00± 0.07	1.35±0.23	1.40±0.12	5.70±2.28*	4.1	0.010
SEMA4A	1.00± 0.20	1.55± 0.42	1.48±0.24	5.36±1.66*	3.6	0.016
SEMA7A	1.00±0.25	0.87±0.009	0.97±0.08	2.87±0.71*	3.0	0.010
SEMA4D	1.00±0.19	1.25±0.13	1.42±0.10	3.43±1.22*	2.4	0.037
Interleukin pathway						
IL6	1.00±0.42	4.01±0.96	3.58±1.67	21.27±6.78*	5.9	0.011
IL1B	1.00± 0.37	0.90±0.17	1.41±0.27	7.68±2.04*	5.4	0.003
IL7R	1.00±0.23	1.39±0.15	1.29±0.12	4.40±1.56*	3.4	0.028
IL1RN	1.00±0.10	1.61±0.25*	1.78±0.32*	5.15±0.77*	2.9	0.010
IL3RA	1.00±0.23	1.06±0.25	1.26±0.11	3.32±1.12*	2.6	0.016
NFL3	1.00±0.11	1.62± 0.20*	1.86±0.24*	4.90±0.80*	2.6	0.004
IL2RG	1.00±0.16	0.91±0.09	1.01±0.12	2.56±0.53*	2.5	0.016
IL18	1.00±0.33	1.08±0.14	1.16±0.12	2.44±0.54*	2.1	0.010
IL13RA2	1.00±0.18	1.02±0.14	0.89±0.18	1.86±0.32*	2.1	0.013
IL27RA	1.00±0.17	0.70±0.09	1.00±0.15	1.93±0.34*	1.9	0.028
IL1R2	1.00±0.14	1.27±0.24	1.23±0.17	2.02±0.17*	1.6	0.018
IL18BP	1.00±0.06	1.47±0.15	2.00±0.22	3.07±0.27*	1.5	0.013
JAK-STAT-SOCS pathway						
SOCS3	1.00±0.34	3.63±0.73*	3.64±0.81*	13.37±3.34*	3.7	0.028
SOCS1	1.00±0.11	2.06±0.44*	1.78±0.23*	5.10±1.44*	2.9	0.025
IFN pathway						

IFNG	1.00±0.28	0.86±0.20	1.13±0.21	4.12±1.46*	3.6	0.039
IFI16	1.00±0.25	1.42±0.17	1.20±0.09	3.35±1.02*	2.4	0.008
TNFα and TGFβ pathways						
TNF	1.00±0.37	0.99±0.22	1.28±0.30	5.90±0.91*	4.6	0.004
LTB	1.00±0.20	0.90±0.15	1.15±0.14	3.28±1.05*	2.9	0.019
TNFRSF1B	1.00±0.12	1.54±0.10	1.44±0.17	3.40±0.85*	2.4	0.016
TRAF1	1.00±0.12	1.06±0.14	1.24±0.17	2.70±0.43*	2.2	0.019
TGFB1	1.00±0.14	1.27±0.22	1.54±0.13	2.70±0.51*	1.8	0.016
NFκB pathway						
REL	1.00±0.22	1.72±0.23*	2.18±0.29*	5.12±1.28*	2.4	0.014
RELB	1.00±0.24	2.53±0.49*	2.37±0.33*	5.40±0.84*	2.3	0.010
NFKB2	1.00±0.18	1.77±0.26*	1.86±0.17*	3.22±0.46*	1.7	0.037
Matrix proteases and inhibitors of matrix proteases						
MMP9	1.00±0.26	2.35±0.41*	3.63±0.68*	16.54±4.00*	4.6	0.011
SERPINE1/PAI1	1.00±0.35	1.95±0.83*	5.65±0.75*	25.39±4.18*	4.5	0.004
TIMP1	1.00±0.12	0.94±0.19	1.04±0.15	2.98±0.86*	2.9	0.016
PLAU	1.00±0.18	1.25±0.30	1.76±0.27	4.79±0.80*	2.7	0.006

Tab 5: Lista dei 58 geni upregolati specificamente nel fegato di pazienti affetti da NASH. Il confronto è stato operato tra i tre gruppi in esame: S0, S3, NASH e controllo. I risultati sono stati espressi in relazione a quelli ottenuti dai soggetti di controllo (media ± SEM) e sono stati comparati utilizzando il test non parametrico Kruskal-Wallis.

Come possiamo meglio vedere in **Fig 13**, è interessante notare che 15 dei 58 geni che sono nella lista codificano per delle chemochine o per dei recettori che le riconoscono, che sono coinvolti nel reclutamento dei leucociti. Tra questi troviamo le coppie CXCL8/CXCR1; CXCL1, 3/CXCR2; CCL3-5/CCR5 e le chemochine CXCL9-11 e CCL2 (MCP1). In particolare, risultano essere altamente upregolati nei pazienti con NASH i geni che codificano per CD62E (E-selectina) e CD44, che potrebbero essere responsabili del reclutamento dei leucociti nei siti di infiammazione.

Inoltre, alcuni dei geni sovraespressi nei pazienti che facevano parte del gruppo NASH codificano per citochine e per altre molecole coinvolte nell'interazione e nella costimolazione tra cellule presentanti l'antigene o cellule APC e i linfociti T, portando al differenziamento di questi ultimi da linfociti Th0 a Th1. Alcune di queste interazioni vengono illustate in **Fig 14B**: tra queste ricordiamo CD28, che si trova sui linfociti T e che interagisce con CD80 (B7-1) o CD86 (B7-2), che si trova, invece, sulle cellule APC; IFNγ, prodotto dai linfociti T stessi; CD18 (LFA1), che è espressa sui linfociti T e interagisce con CD54 (ICAM1); IL1β, IL6 e TNF-α prodotte dalle cellule APC e dirette ai recettori presenti sulla superficie dei linfociti T. Inoltre, il rapporto di IL10 e IFNγ è risultato fortemente ridotto nei tessuti di pazienti affetti da NASH rispetto a quelli del gruppo S3, che mostrano solo la steatosi severa (**Fig 14A**). Anche l'espressione di geni che codificano per i membri della famiglia delle plexine/semaforine (PLXNC1; SEMA 4D, 7A e 4A) si è rivelata fortemente

45

amplificata nel gruppo di pazienti affetti da NASH. Gli autori sono riusciti, inoltre, a confermare che esiste realmente una modificazione dei livelli di espressione di TNF-α, IL6 e CCL2 (MCP1) nei pazienti con NASH, alterazione che precedentemente era stata solo ipotizzata da altri gruppi di studio.

Dal momento che anche il tessuto adiposo infiammato è caratterizzato dall'infiltrazione di macrofagi, questo potrebbe contribuire ad indurre complicazioni a livello epatico. Così, gli autori hanno deciso di investigare il livello di espressione dei messaggeri, che risultano alterati nella NASH, anche nel tessuto adiposo viscerale (VAT). Il tessuto adiposo viscerale è quello concentrato più all'interno della cavità addominale e distribuito tra gli organi interni e il tronco. Questo tessuto è stato prescelto per questi studi, poiché le adipochine da esso secrete raggiungono direttamente il fegato, attraverso la vena porta.

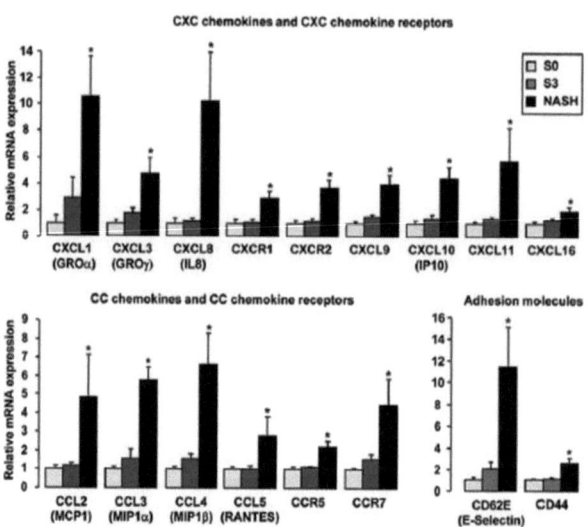

Fig 13: L'immagine mostra gli istogrammi rappresentanti i livelli di espressione di 17 geni, rilevati con PCR-RT, che sono upregolati in biopsie epatiche di pazienti affetti da NASH rispetto a quelli degli altri due gruppi, S0 e S3. Questi geni codificano per proteine coinvolte nel reclutamento dei linfociti a livello del fegato. I livelli di espressione dei diversi geni sono stati normalizzati rispetto all'mRNA di RPLP0. I risultati sono espressi rispetto ai livelli di espressione degli stessi geni nei pazienti S0 ed indicati con media ±SEM. Dove c'è il simbolo "" significa che P<0.05, se confrontato con S0.*

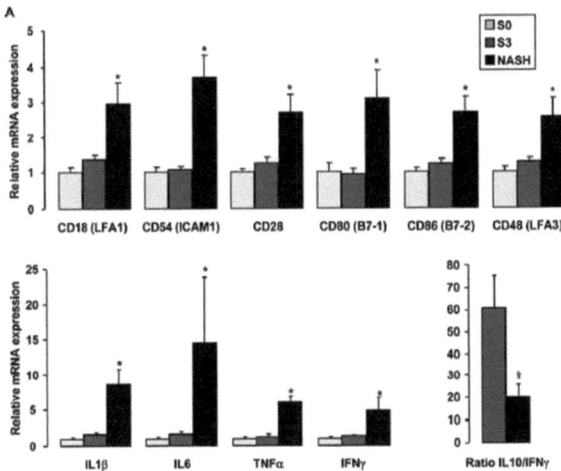

Fig 14A: Upregolazione di geni specifici che codificano per citochine prodotte dalle cellule Th1, nei pazienti affetti da NASH. I livelli di espressione dei geni nei 3 gruppi di pazienti sono stati analizzati mediante PCR-RT quantitativa. Il livello di mRNA di ciascun gene è stato normalizzato per il livello di RPLP0. I risultati sono espressi in relazione ai pazienti S0 ed espressi come media ±SEM. Dove c'è il simbolo "" significa che P<0,05, rispetto al gruppo S0, invece dove c'è "§" P = 0,033.*

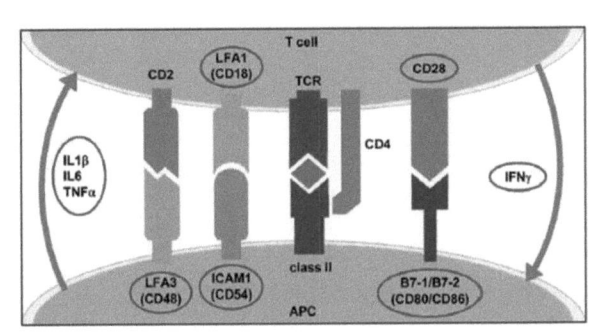

Fig 14B: L'immagine illustra alcune delle proteine coinvolte nel riconoscimento tra cellule APC e linfociti T nel fegato dei pazienti con NASH.

Solo 10 dei 58 geni che risultano alterati nella NASH hanno un'espressione differenziale nel tessuto adiposo dei pazienti con NASH rispetto a quello dei pazienti dei gruppi S3 e S0. Ciò indica che la maggior parte dei markers individuati per la NASH, sono fegato specifici.

Gli autori hanno valutato, inoltre, i livelli sierici delle chemochine circolanti MCP1 e IP10 e delle citochine IL6 e TNFα, che sono fortemente sovraregolati nel fegato, ma non nel tessuto adiposo di pazienti con NASH, attraverso l'utilizzo del Luminex. Questo tipo di valutazione è stata fatta su un grande campione di pazienti: 10 magri, 17 facenti parte del gruppo S0, 24 appartenenti al gruppo S3 e 27 pazienti con NASH. Come mostrato nella **Fig 15**, il livello di espressione sierica di queste chemochine e citochine è incrementato in tutti i pazienti obesi rispetto ai soggetti magri, senza però subire un ulteriore aumento nei pazienti affetti da NASH. Questo dato ha suggerito agli autori che potrebbe proprio essere il tessuto adiposo la fonte principale di questi fattori che vengono rilasciati nel circolo ematico e l'overespressione di questi a livello epatico potrebbe avere un ruolo chiave nell'aggravamento delle condizioni della patologia.

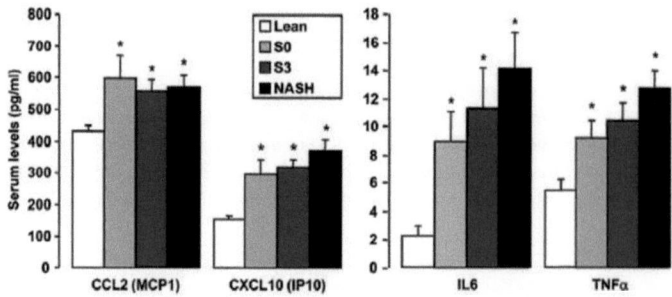

Fig 15: Gli elevati livelli sierici di CCL2, IP10, IL6 e TNF-α dipendono dall'obesità e quindi dall'accumulo di tessuto adiposo viscerale, ma non da complicanze epatiche. Per valutare i livelli circolanti di CCL2, IP10, IL6 e TNFa è stato utilizzato il siero di 9 pazienti magri e di 70 pazienti con obesità patologica (15 pazienti S0, 23 S3 e 23 con steatosi grave e NASH).

Geni specificamente upregolati nella steatosi severa

Gli autori hanno confrontato l'espressione genica in tessuti ottenuti mediante biopsia epatica da pazienti con steatosi grave del gruppo S3 con quella individuata da tessuti di pazienti obesi S0. Solo 3 geni sono stati trovati sovraregolati grazie alle analisi mediante PCR Real-Time. Questi geni codificano per SEMA3C, la cui espressione è 3,6 volte maggiore nei pazienti S3 rispetto a quelli appartenenti al gruppo S0 (p=0,001); per IL10, che risulta espresso 3,3 in più nei pazienti appartenenti al gruppo S3 rispetto a quelli del gruppo S0 (p=0,005) e per CLDN10 che appartiene alla famiglia delle claudine, proteine integrali di membrana, che è 2,2 volte più espresso nel gruppo S3 rispetto al gruppo S0 (p=0,002).

Geni espressi in modo differenziale tra il fegato di pazienti obesi S0 e quello di pazienti magri

Per identificare i geni overespressi nell'obesità patologica, gli autori hanno dapprima confrontato i livelli di espressione del gene che codifica per la proteina C reattiva, ricavati dal test di controllo, eseguito su pazienti magri con i risultati ottenuti dai pazienti S0, obesi, ma che non hanno sviluppato steatosi ed infiammazione. In letteratura è riportato che nel siero, nel fegato e nel tessuto adiposo di pazienti patologicamente obesi gli alti livelli d'espressione della preteina C reattiva erano indipendenti dalla NASH (Anty R. et al; Am J Gastroenterol, 2006). In questo studio, si dimostra inoltre mediante PCR-RT quantitativa, che l'espressione del messaggero di questa proteina di fase acuta è incrementata nel fegato e nel tessuto adiposo sottocutaneo (SCAT) di tutti i pazienti S0 con obesità patologica, ma senza danno al fegato, rispetto al controllo, rappresentato dai pazienti magri. Ciò è illustrato in **Fig 16,** dove sono stati riportati anche i valori relativi ai livelli di espressione della stessa proteina anche nei gruppi S3 e NASH. Lo SCAT è quella parte di tessuto adiposo subito al di sotto del derma, dove gli adipociti si raggruppano a formare uno strato più o meno spesso, in base alla regione anatomica dove si colloca. Questa ricerca non è stata condotta sul tessuto adiposo viscerale, che è più intimamente collocato all'interno della cavità addominale, poiché il controllo di quest'ultimo non era disponibile.

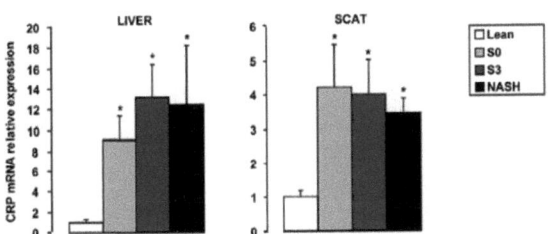

Fig 16: Livelli di mRNA della proteina C reattiva (CRP) espressi in funzione del danno epatico. Per l'analisi è stata utilizzata una PCR-RT quantitativa sui campioni prelevati dal fegato di 6 soggetti magri e dallo SCAT di 4 soggetti magri e confrontati con i campioni prelevati dal fegato e dallo SCAT di 6 pazienti S0, di 6 S3 e di 6 con NASH. I livelli di mRNA sono normalizzati rispetto a quelli della proteina RPLP0 e i risultati sono stati espressi in relazione ai livelli di espressione del controllo e con una indicazione della media ±SEM.

Sono stati, inoltre, identificati altri 46 geni, oltre a quello che codifica per la proteina C reattiva, sovraregolati rispetto ai controlli, nel fegato di pazienti obesi (elencati in **Tab 6**) sia che abbiano sviluppato la patologia (S3) sia che non la abbiano sviluppata (S0) o che abbiano già la NASH. Tra questi geni è interessante notare che vi sono quelli che codificano per le proteine coinvolte nelle vie di segnalazione tramite i *Toll-like receptors* (TLRs) e i lipopolisaccaridi (LPS). A questi *pathways* appartengono il CD14, il TLR-4, il TLR-6, il TLR-2, il TRAF3, il TRAF6 e il Chuk (IKKα). In particolare, il CD14 e il TLR-4 sono i recettori per i LPS, mentre il TLR-2 e il TLR-6 sono i recettori per i diacil lipopeptidi, che si trovano sulla superficie dei micoplasmi (Seki E. et al; Hepatology, 2008). Inoltre, anche gli acidi grassi saturi sono in grado di stimolare il TLR-4 localizzato sulla superficie dei macrofagi.

A questo punto, gli autori hanno valutato i livelli di LPS circolanti, di acidi grassi liberi e di palmitato nel siero di 25 pazienti con obesità patologica che appartengono al gruppo S0 e che quindi non presentano alterazioni istologiche epatiche. I risultati ottenuti sono stati confrontati con quelli ottenuti dal siero di pazienti facenti parte del gruppo S3 e con quelli del gruppo denominato NASH, attraverso l'utilizzo della cromatografia su fase liquida associata alla spettrometria di massa (LC/MS). I livelli di endotossina circolante a livello sierico (**Fig 17**) e le concentrazioni degli acidi grassi liberi totali (**Tab 3**) sono rimasti immodificati nei tre gruppi, mentre l'espressione relativa del palmitato (**Fig 17**) è incrementata nei pazienti con steatosi severa o steatoepatite rispetto ai pazienti obesi, ma senza alterazioni epatiche.

Gene symbol	Controls (n = 5)	Obese (n = 18)	P
Acute phase protein			
CRP	1.00±0.33	11.71±2.20	0.003
Toll-like receptors and lipopolysaccharide pathway			
TLR2	1.00±0.17	4.83±0.83	0.003
TLR6	1.00±0.21	3.09±0.32	0.002
TLR4	1.00±0.13	2.87±0.34	0.002
CD14	1.00±0.10	1.88±0.14	0.002
TRAF6	1.00±0.10	1.78±0.11	0.002
CHUK/IKKα	1.00±0.12	1.77±0.13	0.003
TRAF3	1.00±0.07	1.51±0.09	0.007
CD			
CD180	1.00±0.07	2.89±0.18	0.002
CD38	1.00±0.15	2.81±0.26	0.007
CD36	1.00±0.12	2.69±0.32	0.001
CD4	1.00±0.17	2.31±0.19	0.003
CD62P/P-Selectin	1.00±0.11	1.90±0.25	0.005
CD3E	1.00±0.10	1.87±0.17	0.011
CD40	1.00±0.14	1.78±0.10	0.002
CD47	1.00±0.07	1.56±0.09	0.001
Chemokines and chemokine receptors			
CXCR4	1.00±0.13	4.05±0.65	0.003
CXCL2	1.00±0.29	2.43±0.26	0.009
Semaphorins, plexins and neuropilins			
PLXNA2	1.00±0.12	2.55±0.24	0.001
SEMA4F	1.00±0.10	2.41±0.16	0.002
SEMA5A	1.00±0.11	2.40±0.16	0.001
NRP2	1.00±0.15	2.35±0.19	0.003
SEMA5B	1.00±0.11	1.99±0.20	0.002
SEMA6B	1.00±0.09	0.32±0.04	0.001
Interleukin pathway			
IL2RA	1.00±0.32	7.57±1.71	0.005
IL12A	1.00±0.31	2.60±0.35	0.013
IL16	1.00±0.13	2.52±0.19	0.001

Gene symbol	Controls (n = 5)	Obese (n = 18)	P
IL1R1	1.00±0.13	2.20±0.16	0.001
IL22RA1	1.00±0.09	2.13±0.20	0.003
IL18R1	1.00±0.19	2.09±0.21	0.013
IL10RA	1.00±0.14	1.92±0.19	0.004
IL17R	1.00±0.07	1.88±0.17	0.002
IL4R	1.00±0.15	1.75±0.14	0.006
JAK-STAT-SOCS pathway			
STAT2	1.00±0.14	1.89±0.16	0.006
SOCS7	1.00±0.05	1.82±0.11	0.003
JAK1	1.00±0.11	1.71±0.10	0.002
TNFα and TGFβ pathways			
TRAF5	1.00±0.12	2.27±0.23	0.003
TGFBR1	1.00±0.14	1.83±0.13	0.007
TNFRSF14	1.00±0.08	1.48±0.08	0.007
IFN pathway			
IFNGR1	1.00±0.09	2.86±0.33	0.001
IRF6	1.00±0.11	2.04±0.13	0.003
IRF2	1.00±0.07	2.01±0.13	0.002
IFNAR1	1.00±0.17	1.79±0.10	0.005
IFNAR2	1.00±0.04	1.76±0.08	0.001
NFkB pathway			
NFKBIA	1.00±0.09	2.90±0.36	0.001
c-Jun N-terminal kinases			
MAPK8/JNK1	1.00±0.08	2.35±0.13	0.001
Matrix proteases			
MMP14	1.00±0.14	2.09±0.17	0.002

Tab 6: Lista dei 47 geni sovraespressi nel fegato dei pazienti obesi. I risultati sono espressi in relazione al controllo e sono stati comparati utilizzando il test non parametrico Kruskal-Wallis.

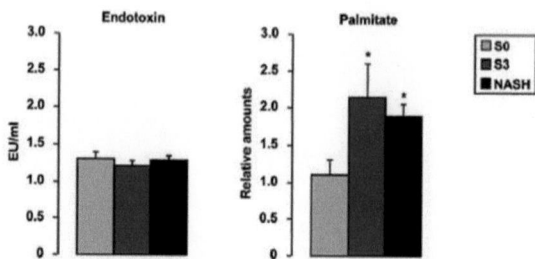

Fig 17: Elevati livelli di palmitato e non di endotossina sono presenti nei pazienti con steatosi severa. Il siero di 9 pazienti magri e di 70 pazienti obesi (15 S0, 23 S3, 23 NASH) sono stati usati per valutare le concentrazioni di endotossina, espresse in U/ml. Invece, l'espressione del palmitato è stata valutata su 8 pazienti S0, 9 con S3 e 8 con NASH ed è stata messa a confronto con i valori indicati dal campione di siero commerciale di controllo (testato su oltre 1000 individui).

Toll-like receptor-2 deficiency enhances non-alcoholic steatohepatitis
Chantal A. Rivera, LaTausha Gaskin, Monique Allman, Jia Pang, Kristen Brady, Patrick
Adegboyega and Kevin Pruitt.
BMC Gastroenterology 2010

Effetto della dieta ricca di grassi saturi o insaturi sulla steatoepatite

L'obiettivo della prima serie di esperimenti è stato quello di determinare il livello di progressione della NASH in topi Db, ai quali precedentemente è stata imposta una dieta ricca di grassi, ma priva di metionina e colina, così da indurre una risposta potente a livello epatico. Come fonte di grassi all'interno della dieta, ad alcuni topi è stato somministrato l'olio di mais, mentre ad altri l'olio di cocco. L'alimentazione arricchita con olio di mais è stata definita PUFA, poiché era ricca di acidi grassi polinsaturi, mentre quella a base di olio di cocco, SAFA, dal momento che invece era ricca di acidi grassi saturi. Analizzando il campione di tessuto epatico, prelevato mediante biopsia da topi nutriti con la dieta PUFA, per otto settimane, è possibile riconoscere una steatosi pan lobulare, macrovescicolare e un'infiltrazione diffusa di leucociti, che appaiono più scuri rispetto agli epatociti grazie alla colorazione con ematossilina e eosina (**Fig. 18A**). Una minor alterazione morfologica a livello epatico è stata rilevata, invece, nei reperti istologici provenienti da topi nutriti con la dieta SAFA. Infatti, le lesioni in questo gruppo, erano limitate principalmente alla zona 3, ovvero la zona maggiormente periferica degli acini epatici (**Fig 18A**). Gli acini epatici sono le unità funzionali più piccole dei lobuli epatici e vengono convenzionalmente divisi in 3 zone sulla base della distanza dai vasi nutritivi che apportano metaboliti e ossigeno agli epatociti. La zona 1 è definita periportale, ed è quella più vicina al ramo della vena porta, la zona 2 è quella intermedia e comprende esclusivamente il parenchima del lobulo, la zona 3, è quella centrolobulare ed è prossima alla vena centrolobulare e ne comprende anche il margine.

Inoltre, gli autori presentano una sintesi dei punteggi assegnati a ciascuna delle due tipologie di alimentazione, a cui i topi sono stati sottoposti. L'assegnazione dei punteggi a ciascuna categoria è avvenuta attraverso l'osservazione microscopica del reperto istologico, tenendo in considerazione il grado di steatosi, di infiammazione e di necrosi. Questa analisi viene presentata in **Fig 18B**, dalla quale risulta anche che le caratteristiche che contraddistinguono la patologia si ripropongono ogni qual volta i topi siano sottoposti allo stesso tipo di alimentazione. Questo ha permesso di comprendere che lo sviluppo della patologia avviene sempre in maniera similare. Inoltre, l'attribuzione di un punteggio preciso ha permesso anche di capire che in topi

Db nutriti con la dieta SAFA, ricca di acidi grassi saturi, vi è un grado di steatosi, infiammazione e necrosi che risulta significativamente inferiore rispetto ai topi a cui è stata imposta la dieta PUFA, ricca invece di acidi grassi polinsaturi.

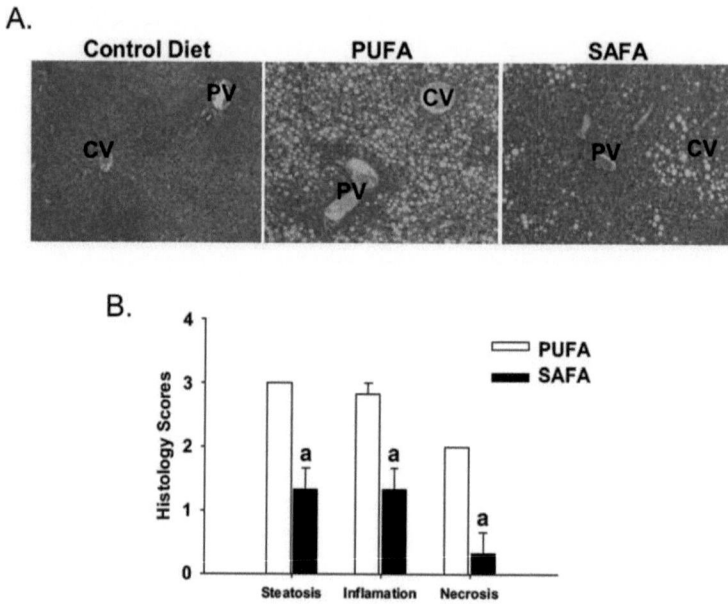

Fig 18: Istopatologia epatica. A) Le immagini mostrano campioni bioptici prelevati dal fegato dei topi Db, dopo otto settimane di dieta di controllo (CD), dieta PUFA e dieta SAFA. PV indica la vena porta; CV, indica la vena centrale. B)Il grafico illustra i punteggi ottenuti dall'analisi degli istologici. I punteggi sono stati così attribuiti: 1=steatosi lieve; 2=steatosi moderata e 3=steatosi severa. I dati sono stati analizzati utilizzando il test t di Student ed il simbolo "a" indica una significatività di P<0.05, quando i risultati sono confrontati con quelli ottenuti da topi nutriti con una dieta PUFA.

Effetto della dieta sull'espressione del TNF-α e del collagene α1

Per la valutazione del grado di infiammazione e di fibrosi, è stata osservata l'espressione, attraverso l'utilizzo di PCR-RT quantitativa, del messaggero del TNF-α e del collagene di tipo α1, come illustrato in **Fig 19**. Il TNF-α, è una delle principali citochine coinvolte nel processo flogistico, mentre il collagene di tipo α1 è un marcatore del grado di fibrosi, poiché è una delle proteine che compongono la matrice extracellulare e che vengono secrete dalle cellule stellate e dai fibroblasti, durante il processo fibrogenico. Da questo esperimento è stato possibile chiarire che rispetto ai topi Db nutriti con una alimentazione di controllo (CD), in topi alimentati con la alimentazione PUFA vi è stato un incremento, di circa 6 volte, dell'espressione dell'mRNA del TNF-α e di quello del collagene. Questo incremento non è invece avvenuto in topi del gruppo che segue la dieta SAFA.

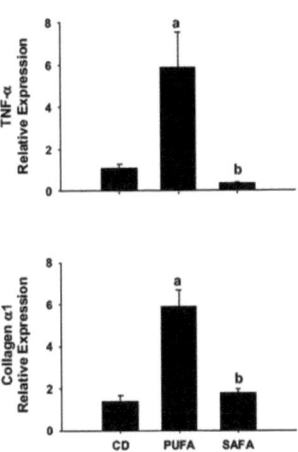

Fig 19: Livelli epatici dell'mRNA del TNF-α e del collagene α1. La loro espressione è stata valutata con l'utilizzo della PCR-RT e valutata confrontandola con i valori ottenuti dal rilevamento da topi nutriti con la dieta di controllo. I dati sono stati espressi come media ±SEM di 4 osservazioni. La comparazione statistica è stata fatta utilizzando la metodica ANOVA a una via. Il simbolo "a" indica una significatività di P<0.05 rispetto ai topi di controllo, mentre "b" indica una significatività di P<0.05 rispetto ai topi nutriti con alimentazione PUFA.

Effetto della dieta sul TLR-4

In occasioni precedenti, gli autori sono stati in grado di dimostrare che il *signalling* del TLR-4 gioca un ruolo centrale nella patogenesi della NASH (Rivera et al.; Journal of Hepatology, 2007).

Per poter sostenere ciò, in questo set di esperimenti hanno provato anche ad analizzare, mediante PCR-RT, i livelli d'espressione dell'mRNA di questo recettore e del suo co-recettore CD14, nel tentativo di spiegare perché nei topi alimentati con la dieta SAFA il danno epatico risulti minore rispetto a quelli a cui è stata imposta la dieta PUFA. Rivera e collaboratori sono riusciti a dimostrare così che l'espressione del messaggero del TLR-4 e di quello del CD14 risulta essere notevolmente amplificata in topi che appartengono al gruppo che segue la dieta PUFA, rispetto a quelli facenti parte del gruppo alimentato attraverso la dieta SAFA. In particolare, l'incremento dell'mRNA del TLR-4 è risultato essere di circa 2,5 volte rispetto a quello dei topi a cui è stata somministrata l'alimentazione SAFA, mentre l'amplificazione del CD14 è risultata essere di ben 20 volte superiore (**Fig 20**). Questo aumento è indice del fatto che i livelli di TLR-4 sono correlati al grado di infiammazione e fibrosi, che come visto in precedenza sono i due fenomeni maggiormente influenzati dalla somministrazione di una dieta ricca di acidi grassi polinsaturi. Infatti, come dimostrato sperimentalmente attraverso i test precedenti questo tipo di alimentazione provoca un incremento dei livelli di TNF-α e collagene di tipo $\alpha1$. Al contrario, l'alimentazione SAFA è in grado di determinare una minore variazione dei livelli del messaggero del TLR-4 e di quello del CD14.

Effetto della dieta sul TLR-2

Successivamente si è indagato se esista una correlazione tra la dieta e i livelli di espressione di un altro importante *Toll like receptor*, il TLR-2 e se in qualche modo questi due fattori si influenzino tra loro. L'analisi Western blot ha permesso agli autori di rivelare una drammatica riduzione, rispetto al controllo, dei livelli della proteina TLR-2, in topi che erano stati nutriti con la dieta PUFA a base di olio di mais, mentre questa riduzione è risultata notevolmente inferiore in quelli nutriti con la dieta SAFA a base di olio di cocco, come indicato in **Fig 21**. Questo risulta essere in contrasto con le aspettative degli autori, i quali presupponevano che i livelli del TLR-2 avessero lo stesso andamento di quelli del TLR-4 e che contribuissero similmente all'eziopatogenesi della malattia.

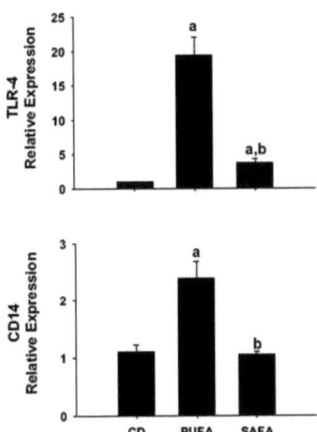

Fig 20: Livelli di espressione dell'mRNA del TLR-4 e del corecettore CD14. I dati sono stati raccolti dall'analisi di biopsie di fegato di topi Db nutriti con dieta di controllo (CD), PUFA o SAFA, per otto settimane. L'espressione di ciascun mRNA target è stata espressa in relazione ai valori ottenuti dal gruppo di controllo, e presentando i risultati come media ±SEM di quattro osservazioni. L'analisi statistica è stata fatta usando la metodica ANOVA a una via. Il simbolo "a" indica una significatività di P<0.05 rispetto ai topi di controllo, mentre "b" indica una significatività di P<0.05 rispetto ai topi nutriti con alimentazione PUFA.

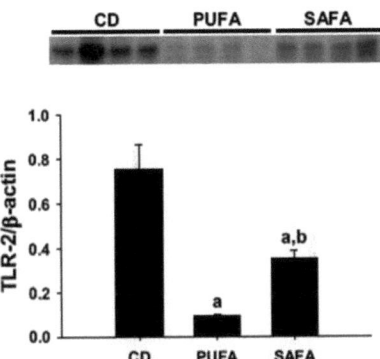

Fig 21: Espressione epatica del TLR-2. In alto è possibile vedere l'analisi al Western Blot dei livelli epatici di proteina TLR-2 nei tre diversi casi esaminati. Ogni gruppo è stato esaminato 4 volte. Sotto, invece, vi è l'analisi densitometrica dei livelli di mRNA del TLR-2, normalizzati rispetto a quelli della β-actina. I dati sono espressi come media ±SEM e il simbolo "a" indica una significatività di P<0.05 rispetto ai topi di controllo, utilizzando la metodica ANOVA a una via per l'analisi statistica.

Effetto della dieta sulla steatoepatite in topi TLR-2-/-

Gli autori hanno voluto approfondire il ruolo che il TLR-2 svolge nella patogenesi della NASH. A questo scopo sono stati utilizzati due gruppi differenti di topi: i C57BL/6 wild type e i TLR-2 $^{-/-}$, deficitari del *Toll like receptor 2* (TLR-2). Ciascuno di questi due gruppi è poi stato ulteriormente suddiviso in due sottogruppi: il primo sottogruppo è stato nutrito con la dieta PUFA e il secondo con la SAFA, per 8 settimane consecutive. Similmente ai risultati ottenuti con i topi Db, i C57BL/6 wild type alimentati con la dieta PUFA mostrano evidenze istologiche di steatosi e lesioni epatiche, mentre questi cambiamenti morfologici sono notevolmente ridotti nel gruppo alimentato con la SAFA (**Fig. 22**). Invece, quando i topi TLR-2$^{-/-}$ sono stati alimentati con i due tipi di diete, non sono state osservate differenze significative, ovvero si è assistito ad un implemento del grado di severità delle lesioni, fino a far risultare evidente una steatoepatite pan lobulare, sia nel gruppo di topi nutrito con la dieta PUFA che quello con la alimentazione SAFA.

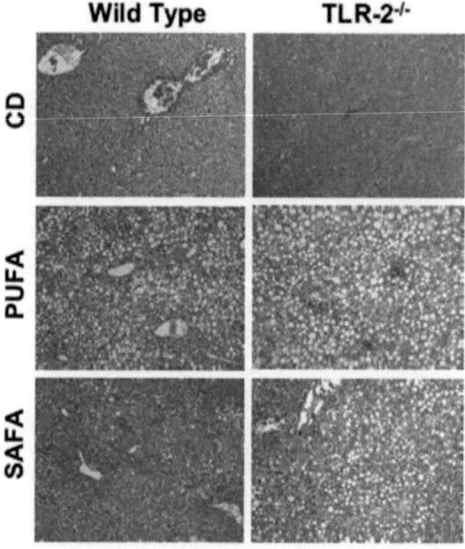

Fig 22: Analisi istopatologica di biopsie epatiche di topi TLR-2 -/-. Le immagini mostrano la biopsia epatica di topi wt a confronto con quella di topi TLR-2 -/-, ottenuta dopo 8 settimane di somministrazione di dieta di controllo (CD), dieta PUFA o SAFA. Con PV si indica la vena porta, mentre con CV la vena centrale.

Aumento dell'espressione dei marcatori dell'infiammazione e della fibrosi in topi TLR-2 -/-

Per poter avere una indicazione sullo stato infiammatorio epatico gli autori hanno voluto valutare l'espressione dell'mRNA della citochina pro-infiammatoria TNF-α e di quello della citochina anti-infiammatoria IL-10, utilizzando la metodica di PCR-RT. Da questa analisi, si è riscontrato che l'espressione del messaggero della citochina TNF-α è rimasta simile tra i topi wild type e i TLR-2$^{-/-}$, dopo averli nutriti con la dieta PUFA (**Fig 23**), mentre, in topi nutriti con alimentazione SAFA, i livelli di espressione di questa citochina pro-infiammatoria sono risultati superiori di circa 3 volte in topi TLR-2$^{-/-}$ rispetto ai topi wild type, che hanno seguito la stessa dieta. Inoltre, si è osservato che la dieta MCD diminuisce l'espressione dell'IL-10 in topi wild type, indipendentemente dal tipo di grasso aggiunto nella dieta, poiché in entrambi i casi i livelli di questa citochina anti-infiammatoria sono risultati decrementati rispetto al controllo. Invece, in topi TLR-2 $^{-/-}$ nutriti con alimentazione di controllo (CD), i livelli di messaggero dell'IL-10 sono risultati circa 3 volte inferiori rispetto a quelli riscontrati in topi wild type che hanno seguito lo stesso tipo di alimentazione. Quindi, in topi che hanno un deficit di TLR-2, l'alimentazione MCD non ha avuto alcun effetto ulteriore sui livelli di espressione del messaggero per IL-10, poiché la sua espressione era risultata già diminuita dai test operati sui topi alimentati con la dieta di controllo.

Similmente al TNF-α, i livelli di mRNA del collagene di tipo α1 sono risultati maggiori nei topi di entrambi i ceppi nutriti con alimentazione PUFA, mentre nel caso della dieta SAFA i livelli di mRNA per collagene di tipo α1 in topi TLR-2 $^{-/-}$, sono nettamente superiori rispetto al gruppo di topi wild type, nutriti con la stessa dieta (**Fig 24**).

In aggiunta, per avere una visione più ampia della situazione, gli autori hanno valutato anche i livelli di mRNA del recettore PPAR-γ, il quale sembra che abbia delle proprietà anti-infiammatorie e che abbia anche la capacità di smorzare il processo fibrogenetico, attraverso la regolazione dell'attivazione delle cellule stellate. I livelli di espressione di questo recettore sono risultati incrementati significativamente in topi wild type nutriti con l'alimentazione SAFA (**Fig 24**). In topi TLR-2$^{-/-}$ invece l'espressione di PPAR-γ è nettamente diminuita sia che abbiano ricevuto una l'alimentazione di controllo, sia che abbiano seguito la dieta PUFA o la SAFA. Questo risultato è coerente con l'incremento del grado di infiammazione e della quantità di fibrosi che coinvolge il tessuto epatico, osservato in topi TLR-2$^{-/-}$, rispetto ai topi wild type sia che siano stati nutriti con un alimentazione a base di olio di cocco che con una a base di olio di mais.

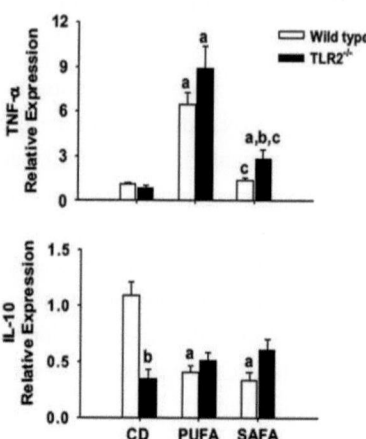

Fig 23: Livelli epatici dell'mRNA del TNF-α e dell'IL-10 in topi TLR-2-/-. I livelli di espressione dell'mRNA del TNF-α e dell'IL-10 sono stati analizzati con una PCR-RT e sono calcolati rispetto ai valori medi del gruppo di controllo. I dati sono presentati come media ± SEM di 5 osservazioni. I confronti statistici sono stati realizzati con la metodica ANOVA a due vie e il test di Tukey per confronti multipli. Con il simbolo "a" viene indicato un livello di significatività di P<0.05 rispetto al ceppo dei topi di controllo (CD); "b" con P<0.05 rispetto ai wild-type; "c" con P<0.05 rispetto al ceppo nutrito con la dieta PUFA.

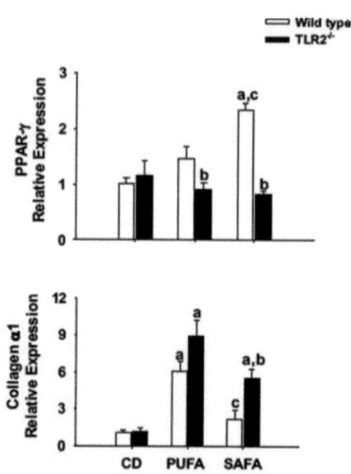

Fig 24: Livelli epatici dell'mRNA di PPAR-γ e del collagene di tipo α1 in topi TLR-2-/-. L'espressione di PPAR-γ e collagene α1 è stata analizzata mediante PCR-RT e calcolata rispetto ai valori medi nel gruppo di controllo. I dati sono presentati come media ± SEM di 5 osservazioni. I confronti statistici sono stati realizzati con la metodica ANOVA a due vie e con il test di Tukey per confronti multipli. Con il simbolo

60

Il signalling del TLR-4 è aumentato nei topi TLR-2 -/-

Per studiare come avvenga l'attivazione del *signalling* del TLR-4, gli autori hanno verificato l'espressione dei messaggeri delle componenti che appartengono a questo *pathway*, attraverso una PCR-RT quantitativa. In accordo con quanto rilevato nel ceppo di topi Db, l'espressione del TLR-4 e di CD14 è ridotta quando i topi C57BL/6 sono sottoposti a dieta SAFA. Al contrario i topi TLR-2$^{-/-}$ nutriti sia con dieta PUFA che con SAFA manifestano un significativo incremento, rispetto ai topi wild type, dell'espressione del TLR-4 e del suo co-recettore CD14 (**Fig 25**).

L'espressione dei marcatori dell'infiammazione e della fibrosi correla con l'espressione del TLR-4 e di CD14

Gli autori hanno verificato la relazione esistente tra l'espressione di TLR-4 e CD14 e quella di TNF-α e collagene α1, marcatori dell'infiammazione e della fibrosi in topi wild type e TLR-2$^{-/-}$, nutriti con PUFA. Come mostrato nella **Fig 26**, esiste una correlazione positiva tra l'espressione del TNF-α e i livelli di messaggero del TLR-4 e del CD14. Un risultato simile è stato ottenuto con l'analisi del collagene di tipo α1(**Fig. 27**). Questi risultati sono stati ottenuti similmente sia nel ceppo wild type che in quello TLR-2$^{-/-}$, nutriti con dieta SAFA.

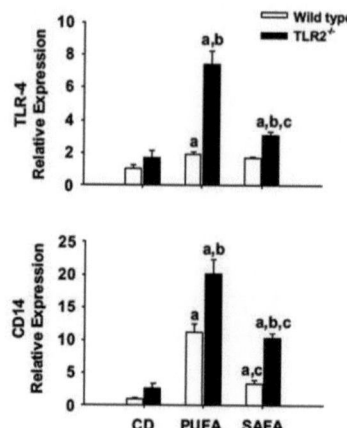

Fig 25: Espressione di TLR-4 e CD14 in topi TLR-2-/-. Per la valutazione del livello di TLR-4 e CD14 mediante RT-PCR gli autori hanno prelevato il fegato di topi maschi C57BL/6 e TLR-2-/-, nutriti con alimentazione di controllo (CD) o MCDD, per 8 settimane. Inoltre, l'espressione di ciascun mRNA target è stata calcolata rispetto ai valori medi del gruppo di controllo. I dati sono stati presentati come media ± SEM di 4 osservazioni. I confronti statistici sono stati realizzati con una metodica ANOVA a due vie e con il test di Tukey per confronti multipli. Con il simbolo "a" viene indicato un livello di significatività di P<0.05 rispetto al ceppo dei topi di controllo (CD); "b" con P<0.05 rispetto ai wild-type; "c" con P<0.05 rispetto al ceppo nutrito con la dieta PUFA.

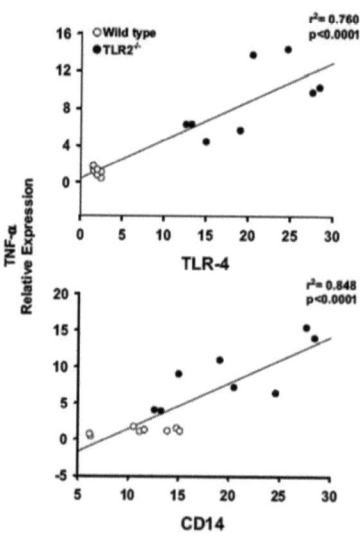

Fig 26: L'espressione del TLR-4 correla con i livelli di mRNA di TNF-α. I dati sono stati ottenuti con una PCR-RT. I livelli di TLR-4 e di CD14 sono stati confrontati con l'espressione del TNF-α, marker

dell'infiammazione, utilizzando il test statistico non parametrico di Pearson, in topi wild type e TLR-2-/-., nutriti con dieta.

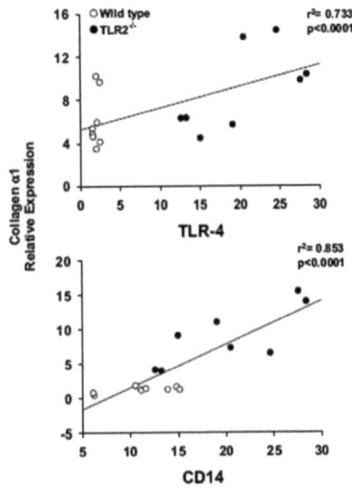

Fig 27: L'espressione del TLR-4 correla con i livelli di mRNA del collagene di tipo α1. I dati sono stati ricavati dall'analisi fatta con la PCR-RT per TLR-4 e CD14 e sono stati confrontati con l'espressione del collagene α1, marker di fibrosi, utilizzando il test statistico di Pearson. Ogni figura contiene i dati rilevati dai topi wt e dai TLR-2-/-.

Capitolo 5: DISCUSSIONE

La sindrome di NASH *(Non Alcoholic SteatoHepatitis)* è una patologia di origine infiammatoria, associata a obesità e a insulino-resistenza, inclusa all'interno di un quadro clinico ben più ampio: la NAFLD *(Non-Alcoholic Fatty Liver Desease)*, o anche detta steatosi epatica. La NAFLD è ritenuta l'espressione epatica della sindrome metabolica, che è una situazione clinica ad alto rischio cardiovascolare aterosclerotico, dovuta alla compresenza di almeno tre dei seguenti fattori di rischio: obesità, ipertensione, ipertrigliceridemia, ipercolesterolemia, iperglicemia a digiuno ed età elevata. Per spiegare la patogenesi della NASH è stata formulata una ipotesi *"multi hits"* che prevede, all'inizio, l'aumento del livello sierico di acidi grassi liberi, provocato dall'insulino-resistenza e poi il conseguente accumulo a livello epatico, caratteristico della steatosi. Questo evento provoca stress ossidativo, che causa reclutamento delle cellule della risposta infiammatoria e deregolazione della produzione di citochine, chemochine e adipochine che sono in grado di indurre la morte per apoptosi e necrosi degli epatociti, determinando anche l'origine della flogosi e della conseguente fibrosi, condizione che può ulteriormente evolvere in cirrosi ed epatocarcinoma multifocale (Takuma Y. et al; World Journal of Gastroenterology, 2010).

Bertola e collaboratori analizzando i profili di espressione di 222 geni in biopsie epatiche prelevate da pazienti affetti da NASH e confrontando i risultati con quelli ottenuti da pazienti con sola steatosi grave, hanno individuato 58 geni (elencati in **Tab 5**), di cui 38 erano specificamente sovraregolati nei pazienti con NASH, ma non in quelli obesi e senza steatosi (gruppo S0) o in quelli con steatosi severa (S3). Gli altri 20 geni, invece, sono stati trovati upregolati sia nei pazienti S0, che in quelli S3, ma i loro livelli di espressione risultano notevolmente incrementati nei pazienti con NASH. Questi geni codificano per proteine coinvolte nel processo flogistico tra cui chemochine, citochine o i recettori che le riconoscono: TNF-α, l'IL-6, l'IL-1β, la CXCL8 (IL-8) e il TGFβ, che d'altra parte sono i *players* nella patogenesi della NAFLD. In particolare il TNF-α e il TGFβ sono coinvolti nell'induzione della morte degli epatociti o per necrosi o per apoptosi e sono responsabili dell'attivazione delle cellule epatiche e della formazione di corpi di Mallory-Denk. Il CXCL8 (IL-8) invece, è responsabile della chemiotassi dei neutrofili, mentre il TNF-α, l'IL-6, e la IL-1β e SOCS3 provocano insulino-resistenza epatica (Cortez-Pinto H. et al; J Hepatol, 2006). Questi risultati concordano con gli incrementati livelli epatici di IL-6, di TNF-α e del suo recettore, rilevati in pazienti con obesità severa e riportati in letteratura (Crespo J. et al; Hepatology, 2001; Wieckowska A. et al; Am J Gastroenterol, 2008).

Inoltre, nei pazienti affetti da NASH è risultata fortemente incrementata anche l'espressione genica di CXCL8 (IL-8) e del suo recettore CXCR1; di CXCL1 e 3 e del loro recettore CXCR2; di CCL3-5 e del loro recettore CCR5; di CCL2 (MCP1); di CXCL9 e 11; di CD62E (E-selectina) e di CD44, denotando che l'incremento di espressione delle chemochine sia maggiormente legato all'infiammazione epatocellulare, tipica della NASH, rispetto alla sola steatosi severa. Quindi la up-regolazione epatica di questi geni è coinvolta nella progressione delle complicanze a livello del fegato. Tra queste la chemochina maggiormente up-regolata a livello epatico è CXCL8 (IL-8), la quale risulta incrementata di 73 volte rispetto ai normali livelli degli individui magri e sembra che sia proprio il palmitato ad indurne la produzione negli epatociti e nelle cellule non parenchimali (Joshi-Barve S. et al; Hepatology, 2007). Così, l'obesità risulta essere un fattore predisponente per la patologia, ma è necessario che ci sia una overespressione differenziale di geni che codificano per proteine appartenenti alla risposta immunitaria, per poter permettere il suo sviluppo. Quindi, questa analisi ha permesso agli autori di individuare i geni che si trovano altamente overespressi negli stati patologici a carico del fegato, così da poterli utilizzare come markers specifici per la diagnosi della NASH. Inoltre, i dati ottenuti mediante l'analisi dei 222 geni sono informativi dell'eziopatogenesi della malattia. Infatti, questi risultati suggeriscono che nella NASH vi sia uno squilibrio derivante dall'eccesso di citochine pro-infiammatorie, come l'IFNγ secreto dalle cellule Th1 e dalla carenza di citochine anti-infiammatorie come l'IL10 e ciò è a favore della tesi secondo cui questa patologia sia Th1 polarizzata. In più, anche i geni che codificano per proteine necessarie per l'interazione tra le cellule APC e i linfociti T (CD28, CD80, CD86, CD18, CD54) sono specificamente up-regolati nei pazienti affetti da NASH (**Tab 5**). In letteratura è confermato anche che la concentrazione sierica di CD54 (ICAM1) è incrementata nei pazienti con NASH (Ito S. et al; Alcohol Clin Exp Res, 2007).

In precedenza, era già stato attribuito un ruolo importante nello sviluppo della NAFLD alla osteopontina epatica (Bertola A. et al; Diabetes, 2009), poichè questa citochina potrebbe favorire l'attivazione della risposta immunitaria Th1 e diminuire l'espressione di IL-10 (Diao H. et al; Immunity, 2004; Mimura S. et al; J Gastroenterol, 2004). Infatti, in modelli murini di NAFLD si è rilevato che le cellule NKT e la risposta Th1 sono implicate nell'eziopatogenesi e nella progressione della NASH e a conferma di ciò, è possibile osservare in questa patologia una diminuzione del numero di cellule NKT e una elevata sensibilità per l'endotossina, indotta dalla produzione di citochine Th1 (Guebre-Xabier M. et al; Hepatology, 2000), un deterioramento delle funzioni delle cellule Kupffer, una riduzione dei livelli sierici di IL-10 e 15, un aumento dei livelli di IL-12 e la produzione epatica eccessiva di citochine Th1 (Li Z. et al; Gastroenterology, 2002). Anche le semaforine/plexine come SEMA4A, SEMA7A, SEMA4D e PLXNC1 sono risultate elevate nei pazienti con NASH. In particolare, SEMA4D è coinvolta nell'attivazione e nel differenziamento dei linfociti T, SEMA4A promuove la differenziazione a Th1 e SEMA7A stimola i macrofagi a produrre citochine pro-infiammatorie (Suzuki et al; Nat Immunol, 2008). Visto il ruolo giocato in questa patologia, le semaforine potrebbero rappresentare anch'esse dei potenziali marcatori prognostici.

Gli autori hanno effettuato le stesse analisi citate sopra sui prelievi di tessuto adiposo viscerale (VAT), osservando che questo tessuto e le citochine pro-infiammatorie da esso secrete possono contribuire ad originare l'alterazione epatica e che solo 10 dei 58 geni che risultano alterati nella patologia, hanno un'espressione differenziale nel tessuto adiposo di pazienti con NASH rispetto a quello dei pazienti dei gruppi S3 e S0. Quindi, i geni individuati come possibili marcatori diagnostici della NASH, sono prevalentemente epato-specifici.

Inoltre, dalla valutazione della concentrazione delle chemochine circolanti MCP1 e IP10 e delle citochine IL-6 e TNF-α (**Fig 15**), si è compreso che il loro livello sierico è incrementato in tutti i pazienti obesi rispetto ai soggetti magri, senza però subire un ulteriore aumento nei pazienti affetti da NASH. Questo dato, è in accordo con altri studi che hanno suggerito che il reclutamento dei linfociti circolanti a livello epatico può incrementare nella steatoepatite (Brunt E. et al; Semin Liver Dis, 2001). Quindi, la fonte principale dalla quale vengono rilasciati nel circolo ematico questi fattori di richiamo per le cellule della risposta infiammatoria è il tessuto adiposo e l'aumento della loro secrezione può aggravare le condizioni epatiche. Inoltre, proprio per la loro funzionalità, queste citochine, incrementate a livello sistemico possono contribuire a generare l'infiammazione epatica.

Confrontando i livelli di espressione dei 222 geni si è osservato che sono 47 (**Tab 6**) quelli che sono overespressi nel fegato di pazienti S0, rispetto ai soggetti magri. Tra questi vi è la proteina C reattiva (**Fig 16**), la cui espressione è amplificata nel fegato e nel tessuto adiposo sottocutaneo (SCAT) a causa dell'incremento dei livelli di IL-6 prodotti dal tessuto adiposo, e anche i geni che codificano per le proteine coinvolte nel *signalling* dei TLRs e degli LPS.

I livelli di endotossina circolante e le concentrazioni degli acidi grassi liberi totali sono immodificati nel siero di pazienti del gruppo S0, di pazienti del gruppo S3 e di pazienti affetti da NASH, mentre la concentrazione di palmitato è incrementata in pazienti con steatosi severa o steatoepatite rispetto ai pazienti obesi, ma senza alterazioni epatiche (**Fig 17**). Questo risultato ha originato l'ipotesi, meglio vagliata nel secondo articolo esaminato, che siano i livelli di palmitato, o più in generale degli acidi grassi saturi a generare la steatosi, che, in seguito al reclutamento delle cellule della risposta immunitaria sia a livello epatico che a livello del tessuto adiposo, può progredire attraverso l'attivazione del processo flogistico verso la steatoepatite. La segnalazione al sistema immunitario della presenza degli acidi grassi saturi è mediata dal TLR-4 che si trova sulla superficie dei macrofagi e che induce l'espressione della ciclossigenasi 2 (Lee JY. et al; J Biol Chem, 2001). In sintesi, il fegato di pazienti patologicamente obesi, ma che non mostrano alterazioni epatiche, ha un basso grado di infiammazione, ma potrebbe essere più sensibile alle endotossine e agli acidi grassi saturi, rispetto ai soggetti magri, a causa della elevata espressione dei TLRs. L'attivazione transitoria e ripetuta del *pathway* dei TLRs, potrebbe essere coinvolta nello sviluppo delle complicanze epatiche che si osservano nella NASH, che è una condizione caratterizzata dal reclutamento, mediato da chemochine, delle cellule della risposta infiammatoria, da un miglior riconoscimento tra le cellule APC e i linfociti T e da una risposta immunitaria Th1 polarizzata.

Rivera e collaboratori analizzando il tessuto epatico di topi Db nutriti con una dieta PUFA, ricca di acidi grassi polinsaturi, hanno evidenziato una steatosi macrovescicolare e un'infiltrazione diffusa di leucociti (**Fig 18A**). In accordo con ciò, anche i livelli di espressione dell'mRNA del TNF-α, del collagene di tipo α1 (**Fig 19**), del TLR-4 e del CD14 (**Fig 20**) sono notevolmente incrementati rispetto ai controlli. Quindi, per meglio delineare il quadro dell'infiammazione, si è indagato sulla correlazione tra la dieta PUFA e i livelli di espressione del TLR-2 (**Fig 21**), comprendendo che questo tipo di dieta favorisce una riduzione dei livelli di espressione di questo recettore.

Al contrario una dieta SAFA, ricca di acidi grassi saturi provoca una minor alterazione morfologica epatica e un grado di steatosi, infiammazione e necrosi significativamente inferiore (**Fig 18A**). Questa dieta in topi Db non provoca alterazioni nell'espressione di TNF-α e del collagene di tipo α1 (**Fig 19**), né di TLR-4 e di CD14 (**Fig 20**). In queste condizioni, si è osservata invece una minor riduzione dei livelli di espressione del TLR-2 (**Fig 21**). Questi dati sono in contrasto con il fatto che gli individui obesi nei Paesi Occidentali, dove la malattia epatica è più diffusa, consumano una dieta a base di elevate quantità di grassi saturi. Anzi dai risultati riportati, sembra che gli acidi grassi saturi abbiano un ruolo protettivo nella progressione della malattia, nei topi analizzati. Infatti, in letteratura è riportato che in questo modello animale l'induzione della steatosi richiede sia una dieta contenente etanolo che acidi grassi polinsaturi (Nanji A. et al; Life Sci, 1989). Nell'uomo, invece, è la dieta a base di acidi grassi polinsaturi ad avere un ruolo protettivo, poiché questi sono in grado di attenuare il processo infiammatorio. Infatti, sempre nell'uomo gli acidi grassi saturi sono in grado di indurre, attraverso la attivazione di NFkB, la produzione di citochine pro-infiammatorie da parte delle cellule endoteliali dei vasi sanguigni e l'incremento dell'espressione della P-selectina (Keogh J. et al; Arterioscler Thromb Vasc biol, 2005).

Gli autori inoltre hanno voluto approfondire il ruolo che il TLR-2 ricopre nella patogenesi della NASH, analizzando topi TLR-2$^{-/-}$, sottoposti ai due diversi tipi di dieta. Si è osservato che i topi TLR-2$^{-/-}$ sia che abbiano ricevuto una dieta PUFA che SAFA hanno subìto un implemento del grado di severità delle lesioni epatiche, fino allo sviluppo della steatoepatite (**Fig 22**). Ciò fa supporre che questo recettore abbia caratteristiche protettive nei confronti di questa patologia. Quindi, la carenza di questo recettore amplifica l'espressione della steatoepatite non alcolica. In accordo con ciò, in topi TLR-2$^{-/-}$ nutriti con alimentazione SAFA, i livelli di espressione dell'mRNA del TNF-α (**Fig 23**), del collagene di tipo α1 (**Fig 24**), del TLR-4 e del suo co-recettore CD14 (**Fig 25**) sono risultati incrementati rispetto ai topi C57BL/6 wild type, nutriti con la stessa dieta. Inoltre, si è anche compreso che in topi TLR-2$^{-/-}$ l'espressione dell'IL-10, una citochina con proprietà anti-infiammatorie, subisce un decremento netto (**Fig 23**), sia che siano sottoposti a una dieta SAFA, che ad una dieta PUFA. Quindi, la sola assenza del TLR-2 è sufficiente a determinare un decremento dei livelli di IL-10. Inoltre, in tutti gli stati deficitari di TLR-2 si assiste a una diminuzione dei livelli di mRNA del recettore PPAR-γ (**Fig 24**), il quale è coinvolto in signalling pathway con risvolti anti-infiammatori. Al contrario in topi C57BL/6 wild type, nutriti con alimentazione SAFA si assiste ad una iper-espressione di questo recettore nucleare, la quale impedisce la produzione di collagene da parte delle cellule stellate, determinando così l'effetto protettivo di questo tipo di dieta in modelli murini (Allman M. et al; J Gastroenterol Hepatol, 2010). Questo ha permesso di capire che esiste una correlazione tra i livelli del TLR-2 e quelli del recettore PPAR-γ. In sintesi, si è compreso che il TLR-2 svolge un ruolo nell'induzione di PPAR-γ in risposta alla dieta arricchita con acidi grassi saturi. Inoltre, anche la risposta delle cellule stellate a questo tipo di dieta è mediata dal recettore PPAR-γ, dimostrando così che gli acidi grassi saturi influenzano anche il processo fibrogenico e infatti l'esposizione di queste cellule all'acido palmitico è in grado di attenuare la produzione di proteine della matrice extracellulare (Abergel A. et al; Dig Dis Sci, 2006).

Infine, in topi TLR-2$^{-/-}$ si è rilevato anche un incremento dei livelli circolanti di endotossina, dovuti ad un aumento della permeabilità intestinale e all'interruzione delle giunzioni occludenti tra gli enterociti (Sahai A. et al; Am J Physiol Gastrointesi Liver Physiol, 2004; Brun P. et al; Am J Physiol Gastrointest Liver Physiol, 2006). Infatti, alcuni studi dimostrano che il TLR-2 svolge un ruolo critico nel mantenimento dell'integrità della mucosa intestinale e la stimolazione di cellule epiteliali intestinali con un agonista di questo recettore permette la conservazione dell'integrità della parete intestinale (Cario E. et al; American J of Pathology, 2002). Tutti questi risultati suggeriscono che la carenza di TLR-2 favorisce un aumento della gravità della steatoepatite, poiché determina una interruzione della barriera intestinale, così da permettere la fuga dei batteri patogeni endogeni, i quali attivano la via di segnalazione del recettore TLR-4 e del suo co-recettore CD14.

In conclusione, questi studi confermano il coinvolgimento della dieta ricca di grassi e dei recettori TLR-4 e TLR-2 nella patogenesi della NASH, provocando dapprima la formazione di inclusioni lipidiche a livello epatico, caratteristiche della steatosi ed in seguito causando il reclutamento delle cellule della risposta infiammatoria e la loro attivazione, favorendo così l'instaurarsi del processo flogistico. Un cambiamento dello stile di vita stressogeno, tipico del mondo occidentale e una modificazione delle errate abitudini alimentari potrebbe contribuire alla diminuzione dell'insorgenza della NASH, che negli ultimi anni è in crescita, anche a livello pediatrico. E' probabile che l'espressione di geni o di proteine coinvolte nei *pathways* infiammatori e nei *pathways* di attivazione dei TLR-2 e 4 possa fungere da marcatore per la diagnosi della NASH e magari diventare un possibile target terapeutico.

BIBLIOGRAFIA

ARTICOLI CONSULTATI

Abergel et al; *"Grow arrest and decrease of alpha-SMA and type I collagen expression by palmitic acid in the rat hepatic stellate cell line PAV-1"*, Dig Dis Sci, 51: 986-995, 2005.

Adachi Y et al; *"Inactivation of Kupffer cells prevents early alcohol-induced liver injury"*, Hepatology, 20: 453-460, 1994.

Allman et al; *"CCl4-induced hepatic injury in mice fed a wstern diet is associated with blunted healing"*, J Gastroenterol Hepatol, 25: 635-643, 2010.

Anty R. et al; *"The inflammatory C-reactive protein is increased in both liver and adipose tissue in severely obese patients independently from metabolic syndrome, Type 2 diabetes, and NASH"*, Am J Gastroenterol 101:1824-1833, 2006.

Bertola A. et al; *"Elevated expression of osteopontin may be related to adipose tissue macrophage accumulation and liver steatosis in morbid obesity"*, Diabetes, 58: 125-133, 2009.

Bertola A. et al; *"Hepatic expression Patterns of Inflammatory and Immune Response Genes Associates with Obesity and NASH in Morbidly Obese Patients"*, Plos One, Vol 5, Issue 10, e13577, 2010.

Brun P. et al; *"Increased intestinal permeability in obese mice: new evidences in the pathogenesis of non-alcoholic steatohepatitis"*, Am J Physiol Gastrointest Liver Physiol, 22: 293- 303, 2006.

Brunt E. et al; *"Non alcoholic steatohepatitis: definition and pathology"*, Semin Liver Dis, 21: 3-16, 2001.

Brunt E. et al; *"What's in a Name"*, Hepatology, 50: 663-667, 2009.

Brunt E. at al; *"Histopathology of nonalcoholic fatty liver disease"* World J of Gastroenterology, 16 (42): 5286-5296, 2010.

Cario E. et al; *"Commensal-Associated Molecular Patterns Induce Selective Toll-Like Receptor-Trafficking from Apical Membrane to Cytoplasmic Compartments in Polarized Intestinal Epithelium"*, American Journal of Pathology, 160: 165-173, 2002.

Charlton M. et al; *"Low circulating levels of dehydroepiandrosterone in histologically advanced non alcoholic fatty liver desease"*, Hepatology, 47: 484-492, 2008.

Cortez-Pinto H. et al; *"Non-alcoholic steatohepatitis: from cell biology to clinical practice"*, J Hepatol, 44: 197-208, 2006.

Crespo J. et al; *"Gene expression of tumor necrosis factor alpha and TNF-receptors, p55 and p75, in nonalcoholic steatohepatitis patients"*, Hepatology, 34: 1158–1163, 2001.

Daryani E. et al; *"Non-alcoholic steatohepatitis and influence of age and gender on histopathologic findings"* World J of Gastroenterology, 16 (33): 4169-4175, 2010.

Diao H. et al; *"Osteopontin as a mediator of NKT cell function in T cell-mediated liver diseases"*, Immunity, 21: 539–550, 2004.

Dornt C. et al; *"Expression of fatty acid syntase in nonalcoholic fatty liver desease"*, Int J Exp Pathol, 3(5): 504-514, 2010.

Estep J. et al; *"Expression of cytokine signaling genes in morbidly obese patients with non-alcoholic steatohepatitis and hepatic fibrosis"*, Obes Surg, 19: 617-624, 2009.

Fernandez-Miranda C. et al; *"A pilot trial of fenofibrate for the treatment of non-alcoholic fatty liver disease"*, Dig Liver Dis, 40: 200-205, 2008.

Fierbinteanu-Braticevici C. et al. *"Noninvasive investigations for non alcoholic fatty liver disease and liver fibrosis"*, World J of Gastroenterology, 16 (38):4784-479, 2010.

Gao B. et al; *"Liver: An organ with predominant innate immunity"*, Hepatology, 47: 729-736, 2008.

Guebre-Xabier M.et al; *"Altered hepatic lymphocyte subpopulations in obesity-related murine fatty livers: potential mechanism for sensitization to liver damage"*, Hepatology, 31: 633–640, 2000.

Harrison et al; *"Orlistat for overweight subjects with non alcoholic steatohepatitis: a randomized, prospective trial"*, Hepatology, 49:80-86, 2009.

Hong F. et al; *"Interleukin 6 alleviates hepatic steatosis and ischemia/reperfusion injury in mice with fatty liver disease*, Hepatology, 40: 933-941, 2004.

Hotta K. et al; *"Association of the rs738409 polymorphism in PNPLA3 with liver damage and the development of nonalcoholic fatty liver disease"*, BMC MEDICAL GENETICS, 11(172): 1471-2350, 2010.

Hyogo H. et al; *"Elevated levels of serum advanced glycation end products in patients with non alcoholic steatohepatitis"*, J Gastroenterol Hepatol, 22: 1112-1119, 2007.

Huang et al; *"One year intense nuriotionalcounseling results in histological improvement in patients with non alcoholic stestohepatitis: a pilot study"*, Am J Gastroenterol, 100: 1072-1081, 2005.

Ito S. et al; *"Serum intercellular adhesion molecule-1 in patients with nonalcoholic steatohepatitis: comparison with alcoholic hepatitis"*, Alcohol Clin Exp Res, 31: S83–87, 2007.

Jeong KS. et al; *"Therapeutic target for chronic liver fibrosis by regulation of transforming growth factor-beta"*, Basic Appl Pathol, 1: 56-60, 2008.

Joshi-Barve S. et al; *"Palmitic acid induces production of proinflammatory cytokine interleukin-8 from hepatocytes"*, Hepatology, 46: 823-830, 2007.

Kahraman A. et al; *"Major histocompatibility complex class I-related chains A and B (MIC A/B): a novel role in nonalcoholic steatohepatitis"*, Hepatology, 51: 92-102, 2010.

Keogh J. et al; *"Flow-mediated dilatation is impaired by a high-saturated fat diet but not by a high-carbohydrate diet"*, Arterioscler Thromb Vasc Biol, 25:1274-1279, 2005.

Kitade M. et al; *"Crosstalk between angiogenesis, cytokeratin-18, and insulin resistance in progression of non-alcoholic steatohepatitis"*, World J of Gastroenterology, 15(41):5193-5199, 2009.

Kwondo Y. et al; *"Impaired sulfur-amino acid metabolism and oxidative stress in nonalcoholic fatty liver are alleviated by betaine supplementation in rats"*, J Nutr, 139: 63-68, 2009.

Lam B. and Zobair M. Younossi; *"Treatment options for nonalcoholic fatty liver disease"* Therapeutic Advances in Gastroenterology, 3 (2): 121-137, 2010.

Lamas O. et al; *"Energy restriction restores the impaired immune response in overweight (cafeteria) rats"*, J Nutr Biochem, 15: 418-425, 2004.

Lee J. et al; *"Saturated fatty acids, but not unsaturated fatty acids, induce the expression of cyclooxygenase-2 mediated through Toll-like receptor 4"*, J Biol Chem, 276: 16683-16689, 2001.

Li Z et al; *"Murine leptin deficiency alters Kupffer cell production of cytokines that regulate the innate immune system"*, Gastroenterology, 123: 1304–1310, 2002.

Li Z. et al; *"Innate immunity in the liver"*, Curr Opin Gastroenterol, 19: 565-571, 2003.

Loomba, R. et al; *"Clinical trial: Pilot study of Metformin for the treatment of nonalcoholic steatohepatitis"*, Ailment Pharmacol Ther, 2008.

Ludwing J. et al; *"Nonalcoholic steatohepatitis: Mayo Clinic experiences with a hithero unnamed disease"*, Mayo Clin, 55: 434 -438, 1980.

Maher J. et al; *"Beyond insulin resistance: Innate immunity in non-alcoholic steatohepatitis"*, Hepatology, 48: 670-678, 2008.

Malhi, H. et al; *"Molecular mechanisms of lipotoxicity in nonalcoholic fatty liver disease"*, Semin Liver Dis, 28: 360-369, 2008.

73

Mas E. et al; *"IL-6 Deficiency Attenuates Murine Diet-Induced Non-Alcoholic Steatohepatitis"*, Plos ONE, 4 (11): e7929, 2009.

Mimura S. et al; *"Massive liver necrosis after provocation of imbalance between Th1 and Th2 immune reactions in osteopontin transgenic mice"*, J Gastroenterol, 39: 867–872, 2004.

Motoki Inoue et al; *"Bach 1 gene ablation reduces steatohepatitis in mouse MCD diet model"*, Journal Biochem. Nutr, 48 (2): 161-166, 2011.

Nanji A. et al; *"Dietary linoleic acid is required for development of experimentally induced alcoholic liver injury"*, Life Sci, 44:223-227, 1989.

Odegaard J. et al; *"Alternative M2 activation of Kupffer cells by PPARdelta ameliorates obesity-induced insulin resistance"*, Cell Metab; 7: 496-507, 2008
Oh et al; *"Review article: diagnosis and treatment of non alcoholic fatty liver desease"*, Ailment Pharmacol Ther, 28: 503-522, 2008.
Ong et L. et al; *"Epidemiology and natural History of NAFLD and NASH"*, Cln Liver Dis, 11(7); 1-16, 2007.

Pessayre D. et al; *"Role of mitochondria in non-alcoholic fatty liver disease"*, J Gastroenterol Hepatol, 22 (1): S20-S27, 2007.

Petersen K. et al; *"Apolipoprotein C3 Gene Variants in Nonalcoholic Fatty Liver Disease"*, N Engl J Med, 362(12); 1082-1089, 2010.

Radaeva S. et al; *"Natural killer cells ameliorate liver fibrosis by killing activated stellate cells in NKG2D-dependent and tumor necrosis factor-related apoptosis-inducing ligand-dependent manners"*, Gastroenterology, 130: 435-452, 2006.

Ratziu V. et al; *"Rosiglitazone for nonalcoholic steatohepatitis: one-year results of the randomized placebo-controlled Fatty Liver Improvement with Rosiglitazone Therapy (FLIRT) Trial"*, Gastroenterology, 135: 100-110.

Rivera A. et al; *"Toll-like receptor-2 deficiency enhances non-alcoholic steatohepatitis"*, BMC Gastroenterology, 2010.

Rivera A. et al; *"Toll-like receptor-4 signaling and Kupffer cells play pivotal roles in the pathogenesis of non-alcoholic steatohepatitis"*, J Hepatol, 47(4): 571–579, 2007.

Sahai et al; *"Obese and diabetic db/db mice develop marked liver fibrosis in a model of non-alcoholic steatohepatitis: role of short-form leptin receptors and osteopontin"*, Am J Physiol Gastrointest Liver Physiol, 287: G1035- G1043, 2004.

Sanyal A. J.et al; *"Pioglitazone, Vitamin E, or Placebo for Nonalcoholic Steatohepatitis"*, N Engl J Med, 362 (18): 1675-1685, 2010.

Seki E. et al; *"Toll like receptors and adaptor molecoles in liver desease: update"*, Hepatology, 48: 322-335, 2008.

Semple R. et al; *"PPAR-gamma and human metabolic disease"*, J. Clin. Invest, 116: 581-589, 2006.

Speliotes E. et al; *"Genome-Wide Association Analysis Identifies Variants Associated with Nonalcoholic Fatty Liver Disease That Have Distinct Effects on Metabolic Traits"*, Plos GENETICS, 7 (3): e 1001324, 2011.

Sudheer K. Mantena et al; *"High fat diet induces dysregulation of hepatic oxygen gradients and mitochondrial function in vivo"*, Biochem Journal, 417: 183-193, 2009.

Sumida Y. et al; *"Currrent status and agenda in the diagnosis of nonalcoholic steatohepatitis in Japan"* World J of Hepatology, 2 (10): 347-383, 2010.

Sumida Y. et al; *"Serum thioredoxin levels as a predictor oh steatohepatitis in patients with non alcoholic fatty liver desease"*, Hepatology, 38: 32-38, 2003.

Suzuki K. et al; *"Effect of changes on body weight and lifestyle in non alcoholic fatty liver desease"*, J Hepatol, 43:1060-1066, 2005.

Suzuki K. et al; *"Semaphorins and their receptors in immune cell interactions"*, Nat Immunol, 9: 17-23, 2008.

Szabo G. et al; *"Modulation of non-alcoholic steatohepatitis by pattern recognition receptors in mice: the role of toll-like receptor 2 and 4"*, Alcohol Clin Exp Res, 29: 140S-145S, 2005.

Takuma Yoshitaka, Kazuhiro Nouso et al; *"Nonalcoholic steatohepatitis-associated hepatocellular carcinoma: Our case series and literature review"*, World J Gastroenterol, 16 (12): 1436-1441, 2010.

Wieckowska A. et al; *"Increased hepatic and circulating interleukin-6 levels in human nonalcoholic steatohepatitis"*, Am J Gastroenterol, 103: 1372–1379, 2008.

Wolowczuk I et al; *"Feeding our immune system: impact on metabolism"*, Clin Dev Immunol, 2008: 639-803, 2008.

Yu-Tao Zha, Wei A. et al; *"Roles of liver innate immune cells in nonalcoholic fatty liver disease"*, World J Gastroenterol, 16 (37): 4652-4660, 2010.

TESTI CONSULTATI

Lewin B., Genes IX, Jones and Bartlett Publishers, Inc, 2007

Ross-Pawlina, Istologia, Casa Editrice Ambrosiana, 2010

Lezione di "Fisiopatologia molecolare della NAFLD" del Dott. Roberto Villani della Azienda Ospedaliera San Camillo Forlanini-Roma.

Lezione di Gastroenterologia ed Epatologia universitaria del Dott. Angelo Ricchiuti dell'Università di Pisa.

Lezione "Il fegato nella sindrome metabolica" del Dott. Antonino Picotto dell'Università di Genova.

Lezione "Steatoepatite non alcolica-NASH" della Dott.ssa M. Casiraghi dell'Ospedale G. Salvini-Rho.

SITI INTERNET CONSULTATI

http://www.arienti-v.com/formazione/Arienti%20NASH.pdf

http://whydetox.net/liver-detoxification

http://spazioinwind.libero.it/claudioitaliano/epatite_cronica.htm

http://people.unipmn.it/pons/index_file/Page1039.html

http://www.causeandcurefortype2diabetes.com/fatty-liver-disease.html

http://it.wikipedia.org/wiki/Esami_del_sangue

www.sismpa.it/download/lezioni/Lezione%20Gastro%20Epatiti%202.ppt

http://www.medinterna.wide.it/steatosinafldnash05.pdf

www.amicidelfegato.it

http://www.fegato.info/

http://www.cirrosi.com

www.benessere.com/salute/disturbi/steatosi_epatica.htm

www.trapiantofegato.it

www.medicitalia.it

http://www.centrofrancescoredi.it/formazione/svolti/Corsi-aggiornamento-obbligatori/2007/2007-Ottobre-Fun-epatica/Matricardi.pdf

http://www.sio-triveneto.it/ObesitaInfiammazione.htm

http://sapereit.blogspot.com/2010_06_06_archive.html

.

RINGRAZIAMENTI

Alla Dott.ssa Laura Masiero per la disponibilità e l'energia che mi ha trasmesso nello svolgimento di tutto il percorso di ricerca e comprensione di questa tematica molto difficile.

Alla Dott.ssa Carola Morell per proseguito con me nel percorso di apprendimento e ricerca di questa tematica, per aver lavorato insieme, permettendomi di imparare.

Alle mie famiglie, come mi piace chiamarle, per prima quella vera. Alla mia mamma, mia sorella Alessia, Giuseppe, i nonni, gli zii e Francesco (non da ultimo) per il sostegno e la fiducia, che avete riposto in me, per avermi supportato e sopportato tante volte, anche nei momenti che mi sembravano grigi e per essere stati uniti sempre. Insieme ci siamo dati coraggio e amore.

In particolar modo, il mio pensiero va a mia madre e a Francesco, che hanno fatto il 'lavoro più difficile', per aver, anche questa volta, portato pazienza con me, avermi dato coraggio e sostegno, anche quando ero presa dall'ansia o dall'agitazione. Grazie per avermi accettata per quella che sono e avermi lasciato intraprendere questa via, anche se mi ha portato lontano.

Grazie per il vostro esempio, i vostri consigli e la vostra esperienza. Siete tutti fantastici.

Alla mia seconda famiglia, gli amici più preziosi che hanno rallegrato sempre le mie giornate.

A Gio, la mia sorellina e a tutta la sua famiglia, perché ha il cuore grande e per l'affetto che mi ha dato sempre.

A Emily perché con la sua allegria ha portato tante risate e amore nella mia vita. A Mido e Fede, che sono due amici sinceri.

Ad Ambra e Alberto che hanno condiviso con me molti momenti difficili, ma hanno saputo creare un ambiente di armonia e familiarità, anche cosi lontano da casa.

A tutta la mia grande famiglia reale o meno vi voglio un gran bene. Siete tutto ciò che una persona desidera aver vicino nella vita. Grazie. Per la fiducia. Per la pazienza. Per l'amore.

Infine, ma non per ultimo il mio pensiero vola verso il cielo, a mio padre, la mia guida e ispirazione di una vita. Ha creato amore e lasciato amore, con la sua personalità meravigliosa e la forza d'animo, che ci ha messo nell'insegnarmi i valori della vita. Forse ora, ti sto dimostrando che ho imparato a camminare da sola, tenendo presente nella mente e nel cuore, con orgoglio, tutti i tuoi preziosi insegnamenti.

A tutti, di cuore, grazie.

Marica

Printed by Books on Demand GmbH, Norderstedt / Germany